DESSERT
DICTIONARY

디저트 사전

DESSERT DICTIONARY

나가이 후미에 지음

이노우에 아야 그림

김수정 옮김

WILLSTYLE

시작하며

디저트 카페 〈아만도〉의 링 슈크림은 늘 잊을 만하면 우리 집에 나타났다. 늦은 밤 아빠의 선물에 당황하면서도 가족 모두가 모여 볼이 미어지도록 더블 크림을 입에 넣었던 그 행복을 잊을 수 없다. "생과자라서 오늘 다 먹어 버려야 해"라고 누군가 설탕 가루를 입에 잔뜩 묻히고서 변명했지만, 링 슈크림에는 약간의 죄책감 같은 건 순식간에 날려버리는 힘이 있었다. 취향은 접어두더라도 빵이나 과자만큼 별것 아닌 기억을 유쾌한 추억으로 남겨주는 음식은 없는 것 같다. 부정적인 감정도 어느 정도 누그러지게 해주는 것이 고맙다. 우리가 태어나서 처음 끌리는 맛은 '모유'에서 느끼는 '단맛'이라고 하는데 그것도 납득이 간다. 단맛은 인생의 고비와 희로애락에 어울리는 특별한 맛이니까.

처음 음식과 관련된 일을 하게 되었을 땐 무엇보다 새로운 맛과 정보를 찾는 것이 설렜다. 그러나 세월이 지나면서 흥미의 방향은 궤도를 수정해 왔고, 지금은 기존에 있던 것들을 찾아서 숨은 매력을 하나둘 발견하고 그것을 다시 맛보는 것이 즐겁다. 그리고 최신 디저트 정보나 혁신적인 레시피의 발견이 아닌, 이 느린 즐거움을 여러분과 공유할 수 있게 되어 기쁘다.

이 책에서는 130여 개 디저트의 기원과 흔적을 찾아 나름의 순서로 소개했다. 가능하면 탄생 순으로 싣고 싶었지만, 아쉽게도 디저트에 출생 신고일은 없다. 그럼에도 몇몇에는 탄생에 대한 기술이 있고, 그 밖에 구전으로 전해져 온 것, 어떤 계기로 갑자기 각광을 받게 되거나 혹은 개명이나 개량되어 출현한 것 등 디저트가 겪어온 길은 천차만별이다. 그 하나하나의 운명을 생각하면서 수많은 일화와 관련 이슈들을 '세계의 디저트 역사'로 소개했다. 책을 선택해 주신 여러분의 간식시간, 행복한 미각을 위한 한 조각의 향신료가 되기를 기원하며.

차례

• 근대(18~19C)

• 현대(20C~)

고대의 디저트

《구약성서》 속에는 빵에 대한 기술이 있다. BC1800년경 아브라함(이스라엘 민족의 시조)이 아내 사라에게 고운 밀가루를 반죽하여 빵을 만들라고 부탁했다. 완성된 빵은 신의 사자인 세 명의 나그네에게 바쳤다는 구절이다. '아브라함의 빵'에 대한 자세한 내용은 알 수 없지만, 신의 사자를 대접한 빵이라면 무척 귀했을 것이다. 수천 년 전의 정확한 레시피는 찾을 수 없다 해도 당시의 채집물을 통해 어떤 모양이었는지 상상해 보는 것 또한 즐겁다.

우텐트 [Uten-t]

시대 | 고대 이집트

람세스 3세(고대 이집트 제20왕조 2대 왕, 재위 BC1198~BC1166)의 무덤 벽화에서 볼 수 있는 과자다. 밀가루와 물을 넣고 치댄 반죽에 기름 등을 발라 말아서 튀긴 것이다. 넓은 의미에서 파이 반죽의 원형이라고도 한다.

디피로스 [Dypiros]

시대 | 고대 그리스

그릴에 굽고 식사 마지막에 다시 데워서 와인에 담가 먹는 납작한 팬케이크 스타일의 빵이다.

트리욘 [Triyon 또는 Thryon]

시대 | 고대 그리스

'무화과잎'이라는 뜻으로 푸딩(P.62)의 원형이라고도 불리는 디저트다. 당시 미식가이자 문학가였던 폴룩스는 트리욘을 만드는 법에 대해 다음처럼 설명했다. "라드(돼지기름), 우유, 밀배아분(밀눈 가루), 달걀, 프레시치즈, 송아지의 뇌 등을 함께 섞어 반죽하여 무화과잎으로 싼다. 닭고기나 새끼 염소로 끓인 수프 등에 넣고 삶은 후 무화과잎을 벗겨내고 끓는 벌꿀을 붓거나 벌꿀로 튀긴다."

오볼리오스 [Obolios]

시대 | 고대 그리스

프랑스 과자인 우블리(P.29)의 원형이라고도 한다. 오볼로스* 은화 한 닢에 팔았다고 해서 붙여진 이름이다.

* 고대 그리스의 은화 단위 중 하나. 6오볼로스는 1드라크마이고, 1드라크마는 당시 노동자의 하루 품삯이었다.

엔트리프톤 [Enthrypton], 멜리펙타 [Melipecta]

시대 | 고대 그리스

엔트리프톤은 참깨와 벌꿀로 만든 혼례용 과자다. 참깨는 자손 번영을 의미하며 결혼하는 두 사람에게 선물했다. 또한 결혼식장에서는 어린이 한 명이 객석을 돌며 멜리펙타(꿀이 들어간 튀긴 과자)를 하객들에게 나눠주었다.

드라제 [Dragée]

시대 | 고대 로마

로마의 귀족 파비우스 가문의 제과 장인이었던 줄리어스 드라제가 아몬드를 꿀단지에 빠뜨린 것이 계기가 되어 탄생했다고 전해진다. 파비우스 가문의 결혼식이나 대를 이을 아기가 탄생했을 때 시민들에게 나눠주었다. 설탕이 없던 시절에는 아몬드에 꿀을 바른 과자였을 것이다. 현재의 드라제에 가까워진 것은 1220년 프랑스 베르됭 지역의 한 약사가 아몬드를 꿀과 설탕으로 코팅하는 보존 방법을 고안한 결과다. 원래는 약으로 쓰였으나 후에 설탕 과자로 인기를 끌면서 널리 퍼졌다.

마리토쪼 [Maritozzo]

시대 | 고대 로마

일본에서 크게 유행한 마리토쪼의 시조는 고대 로마 시대에 있다. 당시에는 과자라기보다는 밀가루와 달걀, 올리브오일, 소금, 건포도, 꿀로 만든 커다란 빵이었다. 열심히 일하는 남편을 위한 영양 가득한 한 끼 식사였다고 한다. 중세가 되면서 반죽에 잣이나 설탕에 절인 과일 등을 넣고 크기도 작게 바뀌었다. '마리토쪼'는 이탈리아어로 남편을 뜻하는 마리토Marito가 어원이다. 어떤 남자가 이 과자에 반지를 숨겨 약혼자에게 선물한 것이 이름의 유래라고도 한다.

플라첸타 [Placenta]

시대 | 고대 로마

밀가루, 염소치즈, 벌꿀로 만드는 구움과자. 타르트의 원형이라고도 한다. 매우 얇은 반죽과 염소치즈와 꿀로 만든 크림을 번갈아 가며 여러 겹 쌓아서 가마에서 구운 다음, 꿀을 부어 먹는다. 플라첸타는 신전 제단에 바치는 제물로도 사용되었다.

크루스툴룸 [Crustulum]

시대 | 고대 로마

달걀과 밀가루, 올리브오일 등으로 만드는 비스코티(P.99). 나중에 이탈리아의 쿠키 피첼레* 로 진화한다.

* 얇은 와플 모양의 과자. 피첼레를 굽는 전용 틀에는 다양한 모양이 있는데 가문의 문장을 디자인한 것도 있다.

키아케레 [Chiacchiere]

시대 | 고대 로마

밀가루, 설탕, 달걀 등으로 만든 반죽을 튀겨서 슈가파우더를 묻힌 과자로 카니발 시즌에 만들었다. 바삭바삭하는 소리가 부인들의 수다를 닮았다고 해서 '키아케레(수다쟁이)'라는 이름이 붙었다. 이탈리아 피에몬테에서는 부지에Bugie, 토스카나에서는 첸치Cenci 등 각지에서 다른 이름으로 부른다.

"당나귀에게 스펀지케이크"

- 포르투갈 속담 (돼지 목에 진주 목걸이와 같은 의미)

중세

(5~14C)

치즈가 주재료인 케이크. 가장 기본인 '베이크드 치즈 케이크', 차게 해서 굳히는 '레어 치즈 케이크', 중탕으로 굽는 '수플레 치즈 케이크' 등이 있다.

001 치즈 케이크

고대의 향기가 감도는 진한 맛

시대 | 중세 전기(5~10세기)

기원전 776년에 열린 제1회 고대 올림픽에서 선수들에게 트리욘(P.15)이라는 디저트를 대접했다는 기록이 있다. 이것이 바로 치즈 케이크Cheese Cake의 조상이라는 설이 있는데, 재료에는 놀랍게도 송아지의 뇌가 들어갔다고! 아마 영양가가 있어 보이는 음식을 모두 섞은 다음에 삶아서 꿀을 뿌리는 식으로 만든 푸딩 스타일이었을 것이다. 현재의 치즈 케이크의 원형을 찾아 거슬러 올라가면 중세 전기, 낙농이 발달했던 폴란드의 포트할레 지방에서 만들어진 '세르니크'에 도달한다. '세르'는 치즈를 의미하는데, 흰 치즈와 커스터드 크림을 섞어서 구운 이 빵은 진정한 베이크드 치즈 케이크였다. 훗날 미국으로 이민을 간 유대인들에 의해 이것이 전해졌고, 1872년 크림치즈의 발명으로 한순간에 수많은 베리에이션이 확산되었다.

세계의 디저트 역사

일본에서는 1969년 제과 회사 〈모로조프〉가 크림치즈 케이크를 출시했다. 이는 당시 사장이었던 구즈노 도모타로가 독일 출장 중 먹은 독일식 치즈 케이크 캐세쿡헨에 감동해서 상품화한 것이다. 처음에는 수제로 20~30개 정도만 만들 수 있었다고 한다.

002 / 카놀리

마피아까지도 사로잡은 리코타크림

시대 | 9세기~

"Leave the gun. Take the cannoli(총은 남겨 두고, 카놀리는 가져 와)." 영화 〈대부〉에 등장하는 명대사 덕분에 일약 각광을 받게 된 과자 카놀리Cannoli. 이탈리아 시칠리아에서 유래했고, 원래는 카니발 기간에 만들어 먹었지만 지금은 시칠리아를 대표하는 과자가 되었다. 그 기원은 시칠리아가 아랍 세력의 지배를 받던 시절로 거슬러 올라가는데, 하렘의 여성들이 주인에게 바치기 위해 만든 과자라는 설도 있다. 바삭바삭한 반죽에 우유가 아닌 양젖으로 만든 리코타크림이 듬뿍 들어 있다. 이 식감의 대비가 승부수. 맛있는 카놀리를 먹고 싶다면 아무쪼록 크림은 먹기 직전에 채워달라고 하자. 이름은 라틴어로 '갈대'라는 뜻의 칸나Canna에서 유래했다. 옛날에는 반죽을 통 모양으로 만들기 위해 갈대에 감아 튀겼다고 한다.

세계의 디저트 역사

시칠리아는 예로부터 타국의 지배를 받은 역사가 있다. 그 영향은 디저트에서도 드러난다. 그리스의 아몬드와 꿀, 아랍의 감귤류와 피스타치오와 향신료, 스페인의 카카오 등이 들어와 맛있는 디저트의 바탕이 되었다.

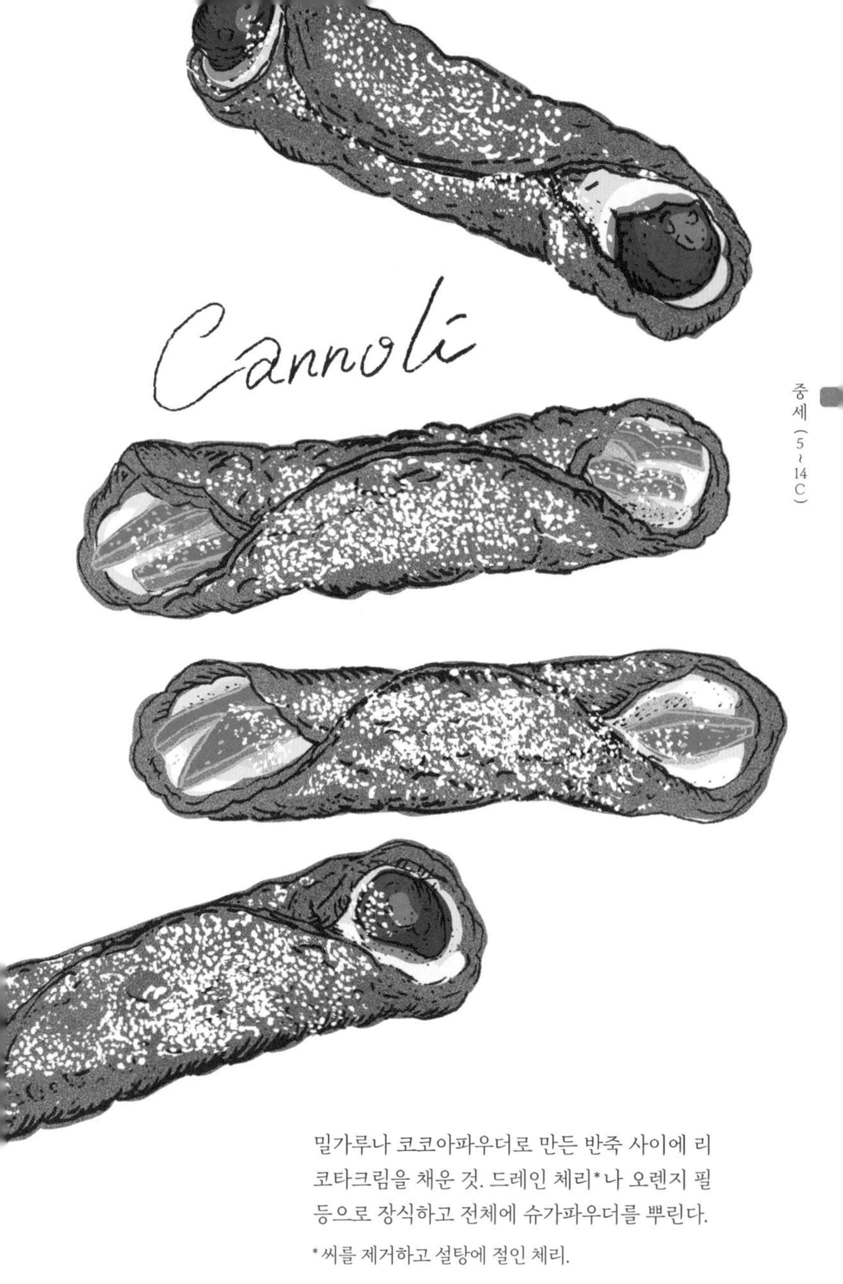

밀가루나 코코아파우더로 만든 반죽 사이에 리코타크림을 채운 것. 드레인 체리*나 오렌지 필 등으로 장식하고 전체에 슈가파우더를 뿌린다.

*씨를 제거하고 설탕에 절인 체리.

003 카사타

금지될 만큼 아름다운 부활절 케이크

시대 | 9세기~

화려한 드레스를 입은 듯한 모습의 카사타Cassata는 '시칠리아 디저트의 여왕'이라고도 불린다. 하지만 컬러풀해진 것은 훨씬 나중의 일이다. 카사타의 유래는 양치기가 콰사트(아랍어로 커다란 둥근 그릇)에 리코타와 꿀을 섞어 달콤한 크림을 만든 것에서 시작했다. 시간이 지나면서 부활절 케이크로 수도원에서 만들어지게 되는데 여기에서 문제가 발생했다. 1500년대 말, 시칠리아 서부의 어촌인 마자라 델 발로에서는 수녀들이 카사타 만들기에 열중한 나머지 부활절 행사에 소홀해졌다며 교회에서 금지령이 내려졌다고 한다. 비록 한때 교회의 노여움을 사긴 했지만, 현재까지 위풍당당한 디저트의 여왕님으로 남아 사랑받고 있다.

세계의 디저트 역사

2021년 일본의 편의점들은 카사타를 출시했다. 치즈무스에 말린 과일과 견과류를 넣은 케이크와 아이스크림은 원조 카사타를 재해석한 것이다. 그러나 공전의 히트 상품인 이탈리아의 크림빵 마리토쪼 열풍에 가려 조용한 히트상품이 되었다.

Cassata

스펀지케이크와 리코타크림을 쌓아 올린 케이크를 마지팬*과 당절임한 과일로 장식한 디저트. 데커레이션은 초록색 마지팬을 사용하여 방사형으로 하는 것이 기본이다.

* 설탕과 아몬드를 갈아 만든 끈적한 반죽 상태의 페이스트.

004 / 팡 데피스

칭기즈칸도 인정한 영양 만점의 케이크

시대 | 10세기

여행길을 따라 진화하여 지금까지 이어져 온 것이 팡 데피스Pain d'épice다. 시작은 10세기경 중국에서 만들어졌던 '미콩'이라는 케이크이며, 영양가가 높아 병사들의 보존 식량이었다고 한다. 중국을 지배했던 칭기즈칸도 매우 좋아해서 몽골을 거쳐 중동으로 전해졌고, 이윽고 성지 탈환을 위해 원정한 십자군에 의해 11세기경 유럽으로 전파되었다. 재료에 향신료가 더해져 업그레이드된 것은 유럽을 거치면서부터다. 이때 '팡 데피스(향신료 빵)'로 이름이 바뀌었다. 프랑스 알자스 지방에서는 12월 6일 성 니콜라스 축일*에 아이들에게 쿠키 모양의 팡 데피스를 나눠준다.

* 어린이를 위한 축제의 날. 성 니콜라스(어린이 수호성인)는 산타클로스의 모델이 된 성인이다.

세계의 디저트 역사

1369년 플랑드르* 지방의 마르그리트 공주가 부르고뉴 공국의 필리프 3세와 결혼하면서 팡 데피스가 프랑스 디종에 도착했고, 이 지역의 명물이 되었다.

* 네덜란드~벨기에~프랑스에 걸쳐 있는 지역.

밀가루 (또는 호밀가루), 꿀, 계피나 아니스 등의 향신료를 주재료로 만든 케이크. 파운드케이크 타입과 쿠키 타입 등 크기와 형태가 다양하다.

005 / 와플

울퉁불퉁한 격자무늬가 트레이드 마크

시대 | 11~12세기

와플Waffle의 탄생지는 당연히 벨기에일 거라고 생각하지만 넓게는 플랑드르(P.26) 지방의 전통 음식이며 프랑스에서는 고프르Gaufre라고 부른다. 그 역사는 좀 복잡하다. 원래는 고대 과자인 오볼리오스(P.15)에서 시작됐는데, 이것이 5세기경에 이르러 프랑스 쪽에서 우블리(P.15)*라는 과자가 되었고, 이후에 요철 무늬를 내서 굽게 되었다. 이것이 고프르다. 이름은 '강하게 눌러 무늬를 낸 것'이라는 뜻이다. 12세기 말에는 시詩에도 등장했고, 축제일에는 교회 앞 광장에서도 팔렸다고 하니 중세 사람들에게 얼마나 사랑받던 디저트였는지 알 수 있다. 네덜란드 쪽에서는 오볼리오스가 와플로 발전했으며, 그 어원은 'Wafel=벌집 같은'이다.

* 밀가루와 달걀로 만든 반죽을 철판에 동그랗게 구운 과자.

세계의 디저트 역사

1904년 세인트루이스 세계 박람회에서 생긴 일이다. 행사장에서 팔던 아이스크림 용기가 부족해지자 와플 반죽을 얇게 구워 둥글게 말아서 대체했다. 이것이 호평을 받아 아이스크림콘이 탄생했다.

이스트로 발효시킨 반죽을 요철이 있는 두 장의 철판 사이에 넣어 굽는다. 벨기에 와플이 가장 유명하지만 각지에서 모양과 식감, 먹는 방법의 다양한 베리에이션이 있다(P.30).

다양한 와플

만드는 법 & 먹는 법 & 여러 가지 모양

● 리에주 와플(벨기에 와플)

타원형으로 식감이 단단하다. 탄력 있는 반죽에 들어 있는 펄슈거가 특징이다. 리에주는 벨기에의 도시 이름이다.

● 브뤼셀 와플(벨기에 와플)

네모나게 굽는 와플. 겉은 바삭바삭, 속은 폭신폭신하다. 크림이나 과일 등의 토핑을 올려 먹는다.

● 아메리칸 와플

벨기에 와플이 이스트로 발효시킨 반죽을 사용하는 반면 미국의 와플은 베이킹파우더를 사용하는 것이 특징이다. 벨기에 와플보다 부드럽다.

● 고프레트(프랑스 와플)

벨기에 와플 타입은 프랑스에서는 고프르라고 부르고, 고프레트는 반죽을 얇게 구운 것이다. 잼이나 크림을 샌드하기도 한다.

● 스트룹 와플(네덜란드 와플)

스트룹은 시럽을 뜻하며, 반죽을 얇게 구워 시럽이나 캐러멜 크림 등을 샌드한다. 뜨거운 커피잔 위에 놓고 크림을 녹여서 먹기도 한다.

● 일본의 와플

타원형으로 구운 반죽을 반으로 접어 크림 등을 사이에 끼운다. 1891년 제과점 〈요네즈 후게츠도〉의 당주였던 요네즈 츠네지로가 영국에서 웨하스 기계를 들여왔다. 그러나 웨하스가 잘 팔리지 않자 반죽을 개량하고 팥소를 사이에 끼워서 와플이라는 이름으로 팔기 시작했다. 커스터드 크림을 넣게 된 것은 1896년부터다.

006 에쇼데

과자 제조의 발전에 큰 공헌을 한 빵

시대 | 11~12세기

"옛날 옛적, 프랑스의 알비라는 미식의 땅에 무척 수수하고 딱딱한 과자가 있었습니다. 500년 후, 그 과자는 파리에서 큰 인기를 얻게 되는데…"라고 시작하는 것이 에쇼데Échaudé의 이야기다. 수세기에 걸쳐 레시피가 개량되어 마침내 화려한 도시 파리에서 데뷔했다고 하니 흥미롭다. 개량의 역사는 13세기 초 알비의 파티시에였던 카불루스에서 시작하여 1710년 파리에 가게를 연 파티시에 파바르로 이어진다. 500년의 시행착오를 거쳐 밀가루에 더해진 것은 바로 탄산칼륨과 암모니아수. 이들을 넣으면 어떻게 될까? 딱딱했던 빵이 놀랄 정도로 폭신한 식감이 된다. 급기야 당시 프랑스 요리의 거장이었던 마리 앙투안 카렘(P.105)까지도 에쇼데를 만들었다고 하니, 이것이야말로 빵의 입신양명 이야기다.

세계의 디저트 역사

에쇼데는 1202년의 칙허장에는 '에쇼데라 불리는 빵'이라고 기록되어 있지만 시대를 거치며 '쟈노(쁘띠 쟈노)', 17세기 이후에는 '쟁블레트'로 이름이 바뀐다. 1820년경 카렘도 만들었지만 평가는 좋지 않았다고 한다.

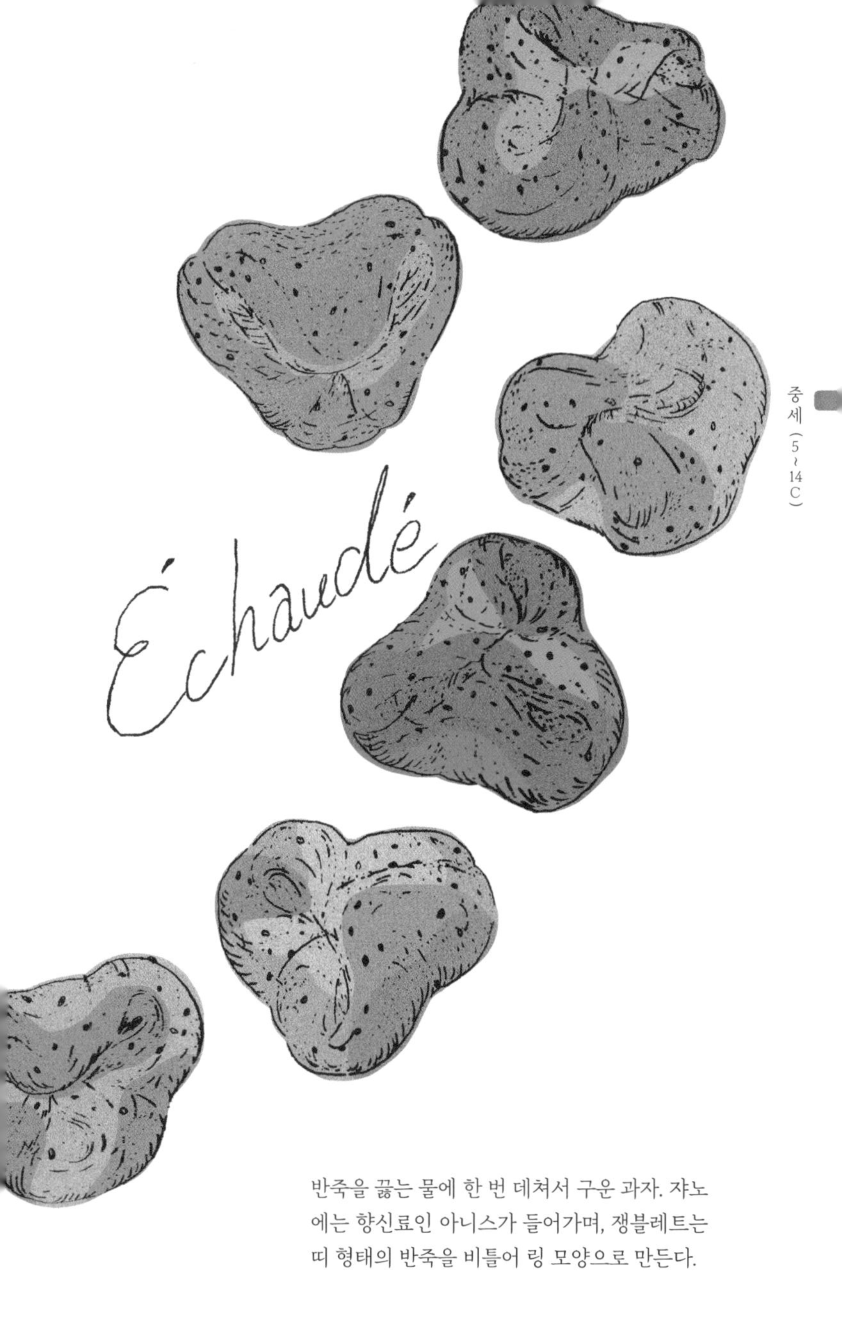

반죽을 끓는 물에 한 번 데쳐서 구운 과자. 쟈노에는 향신료인 아니스가 들어가며, 쟁블레트는 띠 형태의 반죽을 비틀어 링 모양으로 만든다.

007 / 쇼트브레드

타탄체크는 영국 과자의 자랑

시대 | 12세기

밀가루와 버터를 만끽하고 싶다면 스코틀랜드에서 유래된 쇼트브레드Shortbread가 제격이다. 밀가루, 버터, 설탕만으로 만드는 만큼 심플한 맛과 함께 바삭바삭한 식감이 최고의 매력이다. 그 기원은 남은 빵으로 만든 러스크에서 시작됐다. 이것이 진화하면서 버터가 듬뿍 더해져 어느새 고가의 과자가 되었다. 현재는 흔한 간식이지만 옛날에는 결혼식이나 크리스마스, 새해를 축하할 때만 먹을 수 있었다. 영국 셰틀랜드 지방에서는 '신부가 신혼집 문턱을 넘을 때 쇼트브레드를 머리 위에서 쪼개면 행복하다'라는 전설이 있을 정도니 역시 영국 사람들에게 있어 특별한 과자임에 틀림없다. 쇼트브레드로 유명한 제과 회사 〈워커스Walkers〉의 빨간색 체크무늬 포장지를 보면 누구라도 수긍할 수 있을 것이다.

세계의 디저트 역사

16세기 중반 스코틀랜드의 여왕 메리 스튜어트(1542~1587)는 자신의 취향에 맞는 쇼트브레드에 '패티코트 테일스'(원형이며 패티코트 자락 같은 형태)라고 이름을 붙여 큰 인기를 끌었다.

기본은 밀가루 3 : 버터 2 : 설탕 1의 배합으로 만들지만 쌀가루를 첨가하기도 한다. 백만장자 쇼트브레드Millionaire's Shortbread는 쇼트브레드 반죽과 캐러멜, 초콜릿을 3층으로 쌓아 만든다.

008 / 레브쿠헨

세상에서 가장 오래된 '생명의 쿠키'

시대 | 13세기

헨젤과 그레텔이 정신없이 먹었던 과자로 만든 집. 아이들의 마음을 사로잡은 이 동화 속 집이 바로 레브쿠헨Lebkuchen으로 만든 것이다. 동화에 등장할 정도의 과자인 만큼, 일설로는 독일 뉘른베르크에서 만들어진 세상에서 가장 오래된 쿠키라고 한다. 재료는 넉넉한 꿀과 향신료. 당시에 이 영양 가득한 과자는 레벤스쿠헨, 즉 '생명의 과자'라는 참으로 숭고한 이름으로 불렸다. 레브쿠헨은 주로 수도원에서 발달했는데, 중세 수도원에서는 양초에 필요한 밀랍 제작이 활발해 필연적으로 벌꿀도 쉽게 구할 수 있었기 때문이다. 교회나 성인의 무늬를 넣은 레브쿠헨을 순례자들에게 나눠주면 크게 기뻐했다고 한다.

세계의 디저트 역사

중세 유럽에는 레브쿠헨 외에도 향신료를 넣어 만든 과자가 많이 있었다. 당시에는 요리와 과자 모두 진하고 자극적인 맛을 선호한 데다가 아직 냉장고가 없던 시대라 부패 방지를 위해 향신료가 많이 사용되었다.

레브쿠헨으로 만든 헥센하우스(마녀의 집). 레브쿠헨 중 최고급품은 뉘른베르크의 엘리젠렙쿠헨으로 여겨지며 견과류 25% 이상, 가루류는 10% 미만이어야 한다는 규정이 있다.

009 / 플랑

짠맛으로 시작한 프랑스의 가정식 디저트

시대 | 13~14세기

프랑스에서 플랑Flan이란 단어는 종종 '게으름뱅이', '푼돈' 같은 좋지 않은 표현에 쓰인다. 화려한 디저트도 아니고 부드러운 식감도 약간 부족하다는 것일까? 하지만 비아냥거리는 이름으로 부르는 것도 애정의 표시, 플랑은 예나 지금이나 프랑스인들이 가장 좋아하는 간식임에 틀림없다. 일반적으로 '간식=단것'이라고 생각하기 쉽지만, 이 간식은 처음에는 밀가루 죽에 우유를 첨가해 만들었고 짠맛이 주를 이루었다. 그러다가 달콤한 타르트가 된 것은 중세 13세기부터다. 당시에도 인기가 많아 귀족들이 먹는 고급 디저트였다고 하지만 아직은 개발 단계였던 플랑. 지금의 형태에 근접하게 된 것은 19세기 이후의 일이다.

세계의 디저트 역사

'머랭을 올린 플랑'을 최초로 판매했던 곳은 프랑스의 〈메종키에〉. 주인이었던 파티시에 키에가 1865년에 개발한 버터크림은 오랜 세월에 걸쳐 수많은 디저트를 장식하게 되었다.

타르트 반죽에 커스터드 크림 등을 부어 넣고 푸룬(말린 자두)이나 체리 등을 올려서 굽는다. 어원이 flado(평평하다)에서 유래된 것을 보면 원래는 둥글고 납작한 형태의 디저트였음을 알 수 있다.

밀가루, 버터, 말린 과일, 견과류 등으로 만드는 드레스덴의 명과. 대림절 (크리스마스 한 달 전) 무렵에 구워 크리스마스까지 조금씩 먹는다. 마지팬이 들어간 것, 양귀비씨가 들어간 것 등 각지에서 다양한 슈톨렌을 만든다.

010 / 슈톨렌
한 조각씩 먹으며 크리스마스를 기다린다

시대 | 1329년

독일의 대표적인 크리스마스 디저트는 레브쿠헨(P.36)과 슈톨렌Stollen이다. 독일 드레스덴에서 탄생한 슈톨렌의 뜻은 '몽둥이', '기둥'으로 그다지 멋은 없지만, 그 형태의 유래는 감동적이다. 여러 설이 있는데, 요람의 아기 예수를 본뜬 것이며 표면을 덮는 슈가파우더는 그리스도 탄생일에 내린 눈을 나타낸다는 게 일반적이다. 1329년 슈톨렌이 등장한 가장 오래된 기록에 따르면, 이 빵은 원래 주교에게 바친 것이었음을 알 수 있다. 당시 밀가루로 만든 빵은 귀해서 서민들은 먹지 못했는데, 뛰어나게 맛있었느냐 하면 그것도 아니었던 것 같다. 버터와 설탕이 첨가된 것은 15세기 이후다. 시간이 흐른 지금은 크리스마스가 되기도 전에 다 먹어버릴 정도로 진하고 풍부한 맛을 자랑한다.

세계의 디저트 역사

1994년부터 독일 드레스덴에서 열리는 '슈톨렌 축제'는 1730년 현지 왕이었던 아우구스트가 권위의 상징으로 1.8톤의 슈톨렌을 만들게 한 것이 그 유래다. 축제 때는 당시의 의상을 입은 사람들이 거대한 슈톨렌을 마차에 싣고 퍼레이드를 한다.

같은 양의 밀가루와 콘스탄치(옥수수전분), 그리고 달걀, 설탕으로 만드는 부드럽고 가벼운 식감의 케이크. 높이가 있는 큼직한 사부아 틀로 굽는데 그 모양은 지역에 따라 다양하다. 구겔호프 틀에 굽기도 한다.

011 가토 드 사부아
황제도 매료시킨 우아한 케이크

시대 | 1348년

출세로 이끌어주는 디저트가 있다면? 프랑스 사부아 지방의 전통 케이크 가토 드 사부아Gâteau de Savoie가 바로 그 주인공이다. 1348년 사부아 백작 아메데오 6세는 종주국 신성로마제국의 황제 카를 4세를 만찬에 초대했다. 감사의 뜻을 담아 (그리고 공작으로 승격되기를 바라며) 평소보다 큰 접시에 준비한 케이크가 바로 이것이다. 높은 성 혹은 알프스의 산맥을 형상화한 모양은 아름다웠고 식감은 폭신폭신했다. 너무나 맛있게 먹은 황제는 감격하여 체류를 연장하고 매 끼니마다 이 케이크를 먹었다고 한다. 그 후, 아메데오 6세는 로마제국 총대리(주교)의 요직을 부여받았고, 1416년 손자 아메데오 8세는 염원하던 공작 칭호를 얻었다. 디저트가 역사를 만들었다! 라는 이야기다.

세계의 디저트 역사

1788년 미풍양속을 위배한 죄로 바스티유 감옥에 투옥된 사드 후작*은 감옥 안에서도 매일 오후 5시 티타임에 가토 드 사부아를 배달시켰다고 한다.

* 사디즘의 유래가 된 귀족이자 소설가.

사보이아르디는 바삭바삭한 핑거 비스킷이다. 마르살라 와인을 넣은 달걀노른자 크림 자바이오네와 곁들이는 경우가 많다. 자바이오네는 프랑스에서는 '사바용'으로 불린다.

012 사보이아르디 & 자바이오네

사보이아 가문의 핑거 비스킷

시대 | 1348년

이탈리아 피에몬테의 구움과자 사보이아르디Savoiardi의 탄생을 거슬러 올라가면 1348년 사보이아 가문을 만나게 된다. 뜻밖에도 가토 드 사부아(P.43)가 태어난 바로 그 가문이다.* 중세 프랑스와 이탈리아의 유력 가문이었던 사보이아 가문은 상당한 미식가 집안이었다. 역대 요리사 중에는 훗날의 그 유명한 타이유방도 있었다고 하니, 후세에 이름을 남길 디저트가 이 가문에서 탄생한 것은 당연한 일이었다. 한편 자바이오네Zabaione는 16세기 이탈리아에서 유래했다는 설 외에 17세기 토리노에서 고안된 음료라는 설이 있는가 하면, 베네치아에서 먹던 크림인 '자바야'에서 유래했다는 등의 다양한 설이 있다.

* 이탈리아어 '사보이아'는 프랑스어로 '사부아'이다.

세계의 디저트 역사

타이유방(1310~1395)의 본명은 기욤 티렐이다. 그가 쓴 《비앙디에Le Viandier》는 프랑스어로 쓰인 최초의 요리책이다. 14세기 말에 쓰인 것으로 추정되지만 인쇄된 것은 15세기 이후의 일이다.

013 / 애플파이
새콤달콤한 금단의 열매로 만든 디저트

시대 | 1390년

애플파이Apple Pie는 당연히 미국에서 처음 만들어졌을 거라 생각하지만, 1390년 영국 요리책에 그 원형이라고 할 수 있는 레시피가 실려 있다. 이때는 사과 외에 건포도나 무화과, 서양배, 샤프란 등이 들어간 타르트에 가까운 것이었다. 미국에서 애플파이의 역사가 시작된 것은 17세기 유럽 이민자들이 사과를 가져온 이후이며 레시피가 등장한 것은 18세기 말이다. 'Mom's apple pie'란 엄마의 손맛을 일컬으며, 개척 시대의 귀중한 식량이자 영양 공급원이었던 사과에 대한 미국인들의 사랑은 대단하다. 그들에게 애플파이는 그야말로 엄마의 손맛이자 애국심의 상징인 것이다. 흔히 애플파이라는 말을 들었을 때 떠올리는 것은 대개 미국식이다.

세계의 디저트 역사

19세기 초 미국에서 개척지를 맨발로 여행하며 사과 씨를 뿌리고 다녔던 조니 애플시드(1774~1845). 그의 본명은 존 채프먼이며 지금도 개척 시대의 영웅으로 사랑받고 있다.

애플파이의 모양은 다양하다. 아이스크림을 얹은 것은 '애플파이 알라모드'라고 불린다. 영국 브램리 사과로 만드는 필링은 TSG(전통 특산품 보증)로 지정돼 재료와 절차가 엄격하게 관리되고 있다.

Blanc-manger

아몬드 밀크로 만든 푸딩. 원래는 아몬드를 갈아 으깬 아몬드 밀크를 사용하지만 현재는 아몬드 풍미를 더한 우유를 젤라틴으로 굳혀 만들기도 한다.

014 / 블랑망제

아몬드가 주인공인 하얀 푸딩

시대 | 14세기

미용과 건강에 좋은 아몬드! 옛날 사람들은 이 사실을 이미 알고 있었다. 아몬드는 4000년 전부터 재배되었고, 중세 유럽에서는 요리나 디저트에 아몬드 밀크를 사용했다. 블랑망제Blanc-manger 또한 그중 하나로, 14세기의 양피지 문서에는 'Blamanser'라는 단어가 남아 있다. 기원은 아몬드가루와 설탕을 이용한 아라비아의 디저트라는 설과 프랑스 랑그도크 지방의 도시 몽펠리에가 발상지라는 설이 있다. '하얀 음식'이라는 뜻의 블랑망제지만 처음부터 청아하고 아름다운 흰색 디저트였던 것은 아니다. 아몬드와 고기가 들어간 푸딩 모듬이나 포타주 같은 요리류였던 것이 점차 세련되어졌고, 19세기에 마리 앙투안 카렘(P.105)이 메이저 디저트로 끌어올렸다.

세계의 디저트 역사

블랑망제와 많이 닮은 중국의 행인두부杏仁豆腐는 살구씨를 사용해 만든 디저트다. 기원전 3000년부터 재배되었던 살구씨는 기침 방지 효과가 있어 중국의 한 의사가 진료비 대신 살구나무를 심게 하여 훌륭한 숲이 만들어졌다는 고사가 있다. 이에 중국에서는 의사를 행림杏林이라고도 부른다.

"The first pancake is always spoiled."

- 속담 (첫 번째 팬케이크는 반드시 실패한다는 뜻)

근세

(15~17C)

Calisson

아몬드, 멜론이나 오렌지 등의 설탕절임 과일을 으깨서 만드는 한입 과자.
마름모꼴로 만들어 달콤한 아이싱을 입힌 모습이 사랑스럽다.

015 / 칼리송
세잔의 고향에서 태어난 작은 명과

시대 | 15세기 중반

화가 폴 세잔이 먹었을지도 모르는 칼리송Calisson. 프랑스 남부의 엑상프로방스에서 17세기경부터 만들어진 한입 과자다. 여기에는 따스한 에피소드가 있다. 1454년 이곳을 다스리던 르네 1세는 웃지 않는 잔느 공주와의 결혼식에서 그녀를 기쁘게 해주기 위해 칼리송을 만들게 했다. 이것을 먹은 공주는 "Di calin soun(포옹 같아요)"라며 미소 지었다는 일화. 또는 이때 기뻐하던 한 신하가 "이 과자는 다정한 키스Carin 같다"고 말했다는 것. 또 다른 설로는 칼리송을 건조시키기 위한 둥근 대나무 판Canissoun의 이름에서 유래되었거나, 페스트 종식에 감사하는 미사에서 성배Calice에 칼리송이 담겼기 때문이라는 설도 있다. 하지만 이 매력적인 과자에는 다정한 왕과 공주의 이야기가 더 어울리는 것 같다.

세계의 디저트 역사

칼리송을 만들 때는 과일 콩피(설탕절임 과일)를 사용한다. 고대부터 내려온 과일과 견과류를 꿀에 절여 보관하는 방법은 설탕과 함께 십자군에 의해 전해져 14세기경 프랑스에서도 만들어지게 되었다.

Panettone

건포도와 오렌지 등의 설탕절임 과일이 들어간 돔 모양의 빵. 본고장인 이탈리아의 파네토네는 천연 효모를 이용하여 여러 번 발효시킨다. 이것이 부드러운 식감과 오래 보존할 수 있는 포인트.

016 / 파네토네

돔 모양의 커다란 빵

시대 | 15세기 말

파네토네냐, 슈톨렌(P.41)이냐? 크리스마스가 다가오면 어느 쪽을 선택할지 사치스러운 고민을 하게 된다. 파네토네Panettone는 이탈리아의 밀라노에서 유래했다. 3세기경에 그 원형이 있었다는 설도 있지만, 일반에 전해진 것은 15~16세기경이다. 밀라노 공작 루도비코 스포르차의 요리사가 크리스마스 디저트를 망치게 되었다. 난감해하다 제자 토니가 만든 빵을 내놓았는데 뜻밖에 찬사를 받았고, '토니가 구운 빵Pane di Toni'에서 파네토네라고 불리게 되었다는 것. 다른 설로는 한 제과점의 점원이 자신이 구운 빵에 빵집 주인 토니의 이름을 붙였다고 하는 이야기도 있지만, 어느 쪽이든 스승을 생각했던 제자의 마음을 떠올리며 천천히 맛보기로 하자.

세계의 디저트 역사

1900년대 이탈리아 밀라노의 파티시에였던 안젤로 모타가 파네토네의 공장 생산을 시작하여 대성공을 거두었고, 이를 계기로 세계적으로 퍼지게 되었다.

017 / 진저브레드
고대부터 귀하게 여겨진 약용 쿠키

시대 | 15세기

흡혈귀에게는 '마늘', 흑사병에는 '생강'이라고 중세에 살던 사람들이 믿었는지는 알 수 없다. 그러나 16세기에 흑사병이 유행했을 때 영국 국왕 헨리 8세는 흑사병 예방을 위해 약효가 있는 생강을 먹도록 국민들에게 권장했다. 이것이 진저브레드Gingerbread의 시작이라는 설이 있는가 하면 15세기에 이미 존재했다는 설도 있다. 생강은 몸을 따뜻하게 해주고 살균 작용 및 위의 소화력을 높여주는 건위 작용 등 많은 약효를 가지고 있어서 고대부터 귀하게 여겼다. 또 생강에는 액막이의 의미도 있다. 그야말로 민간요법의 주역이라 할 만하다. 한편 생강을 넣어 만든 쿠키인 사랑스러운 진저브레드 맨은 엘리자베스 1세가 중요한 손님을 대접할 때 그 사람의 모습과 비슷한 과자를 만들도록 하여 선물한 것에서 유래했다.

세계의 디저트 역사

진저브레드로 만든 남자아이가 등장하는 이야기 〈The Gingerbread man〉이 1875년에 발표되자 캐릭터의 인기와 함께 과자도 대중적인 인기를 얻게 되었다.

018 바움쿠헨

천천히 정성껏 굽는 나이테 모양의 케이크

시대 | 15세기

만드는 과정에서 평화를 느낄 수 있는 케이크다. 한겹 한겹 정성스럽게 반죽을 입혀 천천히 굽는 바움쿠헨Baumkuchen의 역사는 오래됐다. 반죽을 막대기에 감아 직화로 굽는 방법은 고대부터 존재했지만, 가장 오래된 레시피가 발견된 것은 1450년경 독일의 하이델베르크. 당시 스피스쿠헨이라는 빵이 있었는데, 끈 모양으로 성형한 반죽을 회전 봉에 감아 굽는 것이었다. 지금처럼 회전 봉에 액상 반죽을 부어가며 굽게 된 것은 17세기 말이며, 나이테 무늬의 바움쿠헨의 완성은 18세기다. 발상지는 독일의 잘츠베델로 알려져 있다. 일본에서는 1919년 독일의 칼 유하임이 히로시마에서 열린 독일작품전시 즉매회에 출품한 것이 첫 바움쿠헨이다.

세계의 디저트 역사

칼 유하임(1886~1945)은 1923년 고베에 제과점 〈유하임〉을 개업했다. 전쟁으로 많은 것을 잃고 자신은 종전 전날 사망하지만, 제자들이 자금을 추렴하여 1948년에 재건했다. 창업 100년이 넘은 지금도 레시피는 바뀌지 않고 그대로다.

019 주파 잉글레제
주인공은 수도사의 새빨간 리큐어

시대 | 16세기 중반

주파 잉글레제Zuppa Inglese는 '영국식 수프'를 뜻하며 숟가락으로 떠먹을 수 있는 빨간색 디저트다. 빨간색의 정체는 알커미스. 알커미스는 피렌체의 역사 깊은 산타마리아 노벨라 성당의 수도사가 고안한 리큐어로, 이 디저트의 상징이다. 그런데 티라미수의 원형이라고 알려져 있고 분명히 이탈리아에서 탄생했는데 왜 영국식일까? 16세기 중반, 토스카나의 파티시에가 고안한 이 디저트를 그곳을 방문한 메디치 가문의 코레조 공작이 무척 마음에 들어 했다. 그 후 메디치 가문에서 재현해 '공작의 수프'로 불리면서 소문이 났고, 연회석에서는 영국 손님들에게 큰 호평을 받았다. 그리고 어느새 '영국식 수프'라고 불리게 된 것이다. 이리하여 이름만 들어서는 탄생지도 생김새도 상상하기 어려운 미스터리한 디저트가 되었다.

세계의 디저트 역사

13세기에 역사가 시작된 산타마리아 노벨라 성당은 당시부터 약품과 리큐어를 조제했으며, 1612년 정식 약국으로 인가되었다. 리큐어 알커미스는 현재도 판매되고 있다.

리큐어에 적신 스펀지케이크와 커스터드 크림을 번갈아 가며 쌓아 올리고 크림으로 데커레이션한다. 이탈리아 피에몬테에서는 스펀지케이크 대신 사보이아르디(P.45)를 사용한다.

돔 모양의 세미프레도 케이크. 리큐어에 흠뻑 적신 스펀지케이크 속은 각종 열매, 설탕에 절인 과일, 초콜릿 등을 넣은 크림으로 채워져 있다. 이탈리아 토스카나 지방의 전통 디저트다.

020 / 주코토
건축가가 만든 최초의 세미프레도

시대 | 16세기 중반

단면의 아름다움에 반하게 되는 케이크. 돔 모양의 지붕이 독특한 분위기를 자아낸다. 기원은 이탈리아 건축가가 고안한 케이크라고 한다. 16세기 피렌체에서 활약한 건축가 베르나르도 부온탈렌티는 요리 솜씨 또한 수준급이었다. 그가 메디치 가문을 위해 만든 케이크가 주코토Zuccotto의 시작이고, 이것이 사상 최초의 세미프레도* 였다. 그렇다면 당연히 이탈리아의 명물인 젤라토도 그가 만들었다는 것을 쉽게 짐작할 수 있을 것이다. 이 새로운 케이크는 후에 카트린 드 메디시스(P.102)에 의해 프랑스로 전해졌고, 세계로 뻗어나가게 되었다. '주코토'라는 이름은 성직자가 쓰는 작은 원형 모자인 주케토Zucchetto, 또는 호박을 뜻하는 주카Zucca와 닮은 것에서 유래됐다.

* 반쯤 언 상태의 이탈리아 아이스크림.

세계의 디저트 역사

부온탈렌티는 얼음에 질산칼륨(초석)을 부어 낮은 온도로 냉각하는 기술을 개발했다. 이것이 널리 퍼지면서 1603년에는 영국 문헌에 '셔벗'이라는 단어가 등장한다. 이탈리아 피렌체에는 '부온탈렌티'라는 이름의 젤라토가 있다.

021 / # 푸딩

선상 요리사가 고안한 찜 요리

시대 | 16세기 중반

대항해 시대에 바다 위에서 태어난 디저트라고 하면 낭만적인 이야기가 기대된다. 그러나 푸딩Pudding의 역사를 만든 것은 1588년 스페인과 전쟁 중이던 영국의 선상 요리사였다. 긴 항해를 위해 배 위에서는 식재료의 효율적 활용이 철칙이었다. 선상 요리사는 남은 빵 부스러기나 고기 비계 같은 것도 달걀물과 섞어 찜 요리로 만들었는데 의외로 맛이 괜찮았다. 이 '건더기가 듬뿍 들어 있는 찜 요리'야말로 본래 푸딩의 원형이다. 기원에 대해서는 여러 설이 있지만 시대에 따라 재료가 점점 줄어들었다. 17세기에는 스테이크를 구울 때 나오는 육수를 활용해 밀가루, 달걀, 우유, 견과류 등을 넣은 '요크셔푸딩'을 만들었다. 이후 고기가 들어가지 않은 푸딩을 거쳐 18~19세기경에는 달콤하고 부드러운 '커스터드푸딩'이 완성되었다.

세계의 디저트 역사

1963년 미국의 〈제너럴 푸드〉(현 크래프트 하인즈)가 인스턴트 푸딩을 상품화했다. 일본에서도 1964년 〈하우스 식품〉이 '푸딩 믹스'를 출시해 푸딩 보급의 계기가 됐다.

커스터드푸딩은 프랑스어로 '크렘 랑베르세 오 캐러멜'이다. 완성된 푸딩을 거꾸로 뒤집어 접시에 담는 데서 '캐러멜 맛 크림을 뒤집었다'라는 호칭이 붙었다.

022 트라이플
불명예스러운 이름의 대인기 디저트

시대 | 16세기 후반

'하찮은 것'이라는 뜻의 트라이플Trifle은 영국인의 식탁에 늘 함께하는 디저트다. 원래 선원들의 식생활을 개선하기 위해 고안된 것으로 배에 실려 있는 딱딱한 비스킷을 술에 담가 부드럽게 만든 후에 크림이나 잼을 얹어서 먹은 것에서 시작되었다. 무례한 작명은 흔한 재료로 누구나 쉽게 만들 수 있다는 점도 한몫한 것 같다. 간단하다고는 하지만 1596년에는 레시피 책에 처음 등장했으며, 18세기에는 레시피가 정교해져 아름다운 유리그릇에 담긴 유명한 디저트가 되었다. 왜냐하면 트라이플을 국민들의 사랑과 존경을 받았던 빅토리아 여왕이 매우 좋아했기 때문이다. 영국에서는 가족 모임이나 파티에 꼭 트라이플이 등장하며, 마트에서 트라이플 믹스와 전용 스펀지케이크, 크림을 쉽게 구입할 수 있다.

세계의 디저트 역사

이사벨라 메리 비튼(1836~1865)의 저서 《비튼의 살림 요령》은 빅토리아 왕조 시대 가정의 지침서이자 베스트셀러였다. 트라이플 등 다양한 디저트도 삽화와 함께 소개하고 있다.

셰리 등의 주정 강화 와인을 스며들게 한 스펀지케이크와 커스터드 크림이나 잼, 생크림, 과일 등을 겹겹이 쌓아 올린 차가운 디저트. 영국에서는 젤리를 넣기도 한다.

브리오슈는 노르망디어인 'Brier=치대다', 'Hocher=뒤섞다'가 어원으로 알려져 있다. 우리에게 친숙한 것은 머리가 볼록하게 튀어나온 브리오슈 아 테트.

023 / 브리오슈
우아한 향기의 비에누아즈리

시대 | 16세기

가난에 허덕이는 민중에게 "빵이 없으면 브리오슈Brioche를 먹으면 되지 않아?"라고 말했다고 알려진 마리 앙투아네트(P.104). 하지만 그것은 날조된 이야기로, 실제로는 장 자크 루소의 자서전 《고백록》에서 비롯되었다. 와인과 함께 빵을 먹고 싶었던 루소는 앙투아네트가 아니라 어느 대공비가 한 '빵이 없으면 브리오슈'란 말을 떠올린다. 자신과 같은 훌륭한 신사가 빵집 같은 데는 갈 수 없지만 과자점이라면 갈 수 있을 것 같아서 브리오슈를 사왔다는 이야기. 그런데 버터와 달걀이 듬뿍 들어간 브리오슈는 빵일까, 과자일까? 일설에는 16세기 노르망디 또는 오스트리아 빈이 발상지이며, 17세기 말 프랑스에 전해진 비에누아즈리* 라고 한다.

* 프랑스에서는 바게트처럼 딱딱하고 단맛이 없는 종류를 '빵', 그 외 단맛이 나는 일반적인 빵과자는 모두 '비에누아즈리'로 구분해 부른다.

세계의 디저트 역사

빨간 프랄린(P.89)으로 장식한 '브리오슈 드 생즈니'는 사부아 지방의 과자다. 총독의 청혼을 거절하는 바람에 가슴이 잘려 나간 아가타 성녀를 기리기 위해 2월 5일 성녀 아가타 축일에 가슴 모양의 과자를 만들게 되었다고 한다.

024 / 마카롱
프랑스에서 꽃피운 이탈리아의 선물

시대 | 16세기

먹는 것을 좋아하던 14세의 소녀 카트린 드 메디시스(P.102)가 훗날의 프랑스 앙리 2세와 결혼한 것은 1533년이었다. 요리사들은 그녀의 요청으로 고향인 이탈리아의 맛을 자주 재현해 주었는데, 꿀, 아몬드, 달걀흰자로 만드는 마카로네라는 과자도 그중 하나였을 것이다. 8세기경 이탈리아 베네치아에서 만들어진 이 오래된 과자가 마카롱Macaron의 원형이라고 한다. 그리고 이를 주목한 것이 수녀원이었는데, 육식이 금지된 수녀들은 아몬드를 이용하여 영양이 풍부한 마카롱을 만드는 데 심혈을 기울였다는 것이다. 주재료는 같지만 수도원마다 특징 있는 마카롱이 탄생해 현재에 이르렀다는 것도 흥미롭다. 우리가 흔히 알고 있는 크림을 샌드한 화려한 '마카롱 파리지앵'은 20세기 초 프랑스에서 개발된 것이다.

세계의 디저트 역사

마카롱 파리지앵은 파리의 오래된 페이스트리 숍 〈라뒤레〉에서 만들었다. 창업자 루이 에른스트 라뒤레의 사업을 이어받은 사촌 피에르 데퐁텡이 고안한 것으로 알려져 있다.

마카롱 파리지앵은 '매끈한 마카롱'이라는 뜻의 마카롱 리스Macarons Lisse라고도 불리며, 원래는 한 장씩 따로 먹는 과자였다.

프랑스 각지의 마카롱

유래와 특징

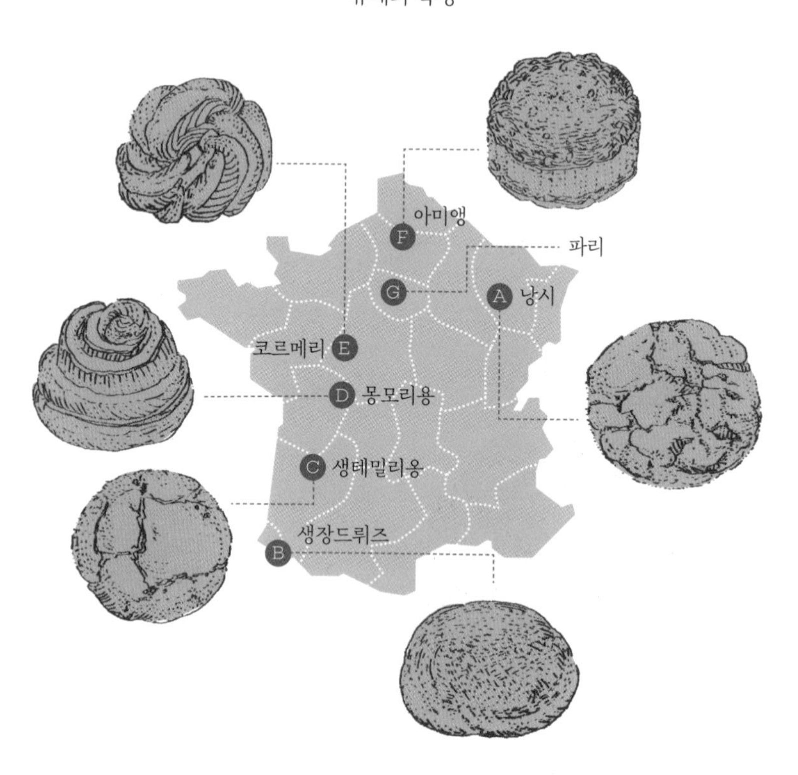

Ⓐ 낭시 마카롱(로렌 지방)

카트린 드 로렌이 건립한 수도원에서 유래했다. 프랑스 혁명으로 인해 수도원에서 쫓겨난 수녀가 숨겨준 답례로 만들었다는 일명 수녀의 마카롱Sœurs Macaron이다.

Ⓑ 생장드뤼즈 마카롱(바스크 지방)

1660년 루이 14세와 스페인 공주 마리 테레즈 도트리슈의 결혼식이 열렸을 때 아담이라는 파티시에가 헌상한 마카롱이다.

Ⓒ 생테밀리옹 마카롱(아키텐 지방)

1620년 우르술라회의 수녀가 만든 것이 기원이 되었다. 달콤한 와인을 첨가하여 만들어졌다.

Ⓓ 몽모리용 마카롱(푸아투샤랑트 지방)

19세기부터 만들어진 마카롱. 반죽을 짜내어 굽는다.

Ⓔ 코르메리 마카롱(상트르 지방)

781년 코르메리 수도원에서 만든 프랑스에서 가장 오래된 마카롱이라고 한다. 도넛 모양이 특징이다.

Ⓕ 아미앵 마카롱(피카르디 지방)

16세기경부터 아미앵의 명과로 알려져 있다. 꿀과 잼, 아몬드 오일을 넣어 식감이 쫀득쫀득하다.

Ⓖ 파리 마카롱(일드프랑스 지방)(P.68)

025 / 카눌레
와인 산지에서 탄생한 걸작품

시대 | 16세기

반들반들한 암갈색에 바삭바삭하고 쫀득쫀득, 쌉싸름하고 달콤한 디저트로 좀처럼 상상할 수 없는 맛이다. 그야말로 유일무이한 프랑스 디저트 카눌레Cannelé는 〈보르도 카눌레 협회〉라는 것도 존재한다. 기원에 대해서는 여러 설이 있지만, 16세기경 수도원에서 만들던 '카넬라'라는 케이크가 시작이라는 설이 유력하다. 프랑스 혁명의 혼란으로 한동안은 만들어지지 않다가 1830년에 복원되었고, 홈이 있는 종 모양의 틀로 굽는 현재의 카눌레로 진화했다. 또 하나 보르도 하면 빼놓을 수 없는 것이 바로 와인이다. 와인 침전물을 제거하기 위해서 달걀흰자를 사용하는데, 이때 대량으로 남은 노른자가 수도원으로 반입되었고, 그 결과 카눌레가 생겨났다는 것이다.

세계의 디저트 역사

1985년 조직된 〈보르도 카눌레 협회〉는 전통적인 카눌레를 보존하기 위한 동업자 조합이다. 프랑스 보르도 지방에만 600개 이상의 제조업체가 있다.

카눌레는 '홈이 있는 모양'을 뜻하며, 12개의 홈이 들어간 틀로 굽는다. 틀은 구리 재질이며 안쪽에 밀랍을 발라 아름다운 색감과 특유의 식감을 만들어낸다. 지금은 주로 버터를 바른다.

026 / 크라펜 & 봄볼로니

숙취를 막는 카니발 도넛

시대 | 16세기

크라펜Krapfen은 구멍이 없는 도넛을 말한다. 베를리너, 베를리너 판쿠헨 등 지역마다 다른 이름을 가진 독일과 오스트리아의 대표적인 도넛이다. 일설에는 16세기 마르크스 럼포트의 책에 레시피가 등장한다고 하고, 또 다른 설로는 1756년 베를린의 한 제과업자가 전쟁터에서 둥글게 만든 반죽을 프라이팬에 튀긴 것이라는 설 등 호칭만큼 유래도 다양하다. 독일에서는 사순절 금식 전인 카니발 때 시끌벅적하게 먹는 풍습이 있다. 또 연말 파티에서는 많은 크라펜 중 하나에만 겨자를 넣어 파티 분위기를 고조시키기도 한다. 이처럼 파티에 빠지지 않는 디저트인데, 일본에서 1987년 발표된 《독일 과자 입문》에는 '이것을 먹으면서 술을 마시면 술에 취하지 않는다'라고 소개되어 있다.

세계의 디저트 역사

크라펜과 비슷한 모양이지만 커스터드 크림이 들어간 것은 이탈리아 도넛 봄볼로니Bomboloni. 18세기 토스카나 지방이 오스트리아의 합스부르크 가문에 통치받던 때 크라펜이 전해져서 발전한 것이라고 한다.

Krapfen & Bomboloni

크라펜의 필링으로 독일 북부에서는 라즈베리 등의 붉은 잼, 독일 남부와 오스트리아는 살구잼 등 다양한 재료를 사용한다. 카니발 기간에는 에그 노그(달걀술) 등 리큐어를 넣어 만들기도 한다.

영국에서는 크리스마스이브 밤에 아이들이 산타클로스를 위한 민스파이와 음료, 순록용 우유를 준비하고 잠자리에 든다.

027 / 민스파이

신앙심이 가득 담긴 작고 둥근 파이

시대 | 16~17세기

해리포터도 브리짓 존스도 먹었던 민스파이Mince Pie는 영국의 크리스마스에서 빼놓을 수 없는 디저트다. 16세기경에는 이름 그대로 다진 고기에 말린 과일, 향신료, 두태지방*을 섞어 만드는 민스미트를 채운 파이였다가 점점 육류가 줄어 현재의 형태에 가까워졌다. 17세기를 거치며 영국은 청교도 혁명이라는 혼란기를 만나게 된다. 민스파이는 원래 아기 예수의 요람을 본뜬 타원형이었는데 이것이 우상숭배에 해당한다고 하여 금지되었고, 사람들은 병사들에게 발각되지 않도록 원형의 작은 파이를 만들어 은밀하게 크리스마스를 축하했다고 한다. 그리스도의 열두 사도를 기념하기 위해서 크리스마스부터 주현절(P.81)까지 매일 하나씩 12개의 파이를 먹으면 행복하게 산다는 전설이 있다.

* 소나 양의 콩팥 주위에 있는 지방.

세계의 디저트 역사

탄생한 예수를 찾아간 세 명의 현자는 황금, 몰약, 유황을 축하의 선물로 바쳤다. 나무 열매와 기름을 섞은 몰약은 민스파이의 기원이 되었다고 전해진다.

028 갈레트 데 루아

주현절을 축하하는 왕의 파이

시대 | 16~17세기

파이 안에 페브(P.81)가 들어 있으면 '오늘은 왕!'이 되는 것이 주현절(P.81)의 재미다. 페브 제비뽑기의 기원은 고대 로마 시대의 농경신 사투르누스를 기리는 축제에서 찾을 수 있다. 당시에는 말린 누에콩을 이용하여 당첨된 사람은 주인에게 시중을 들게 할 수 있었다. 그 후에는 교회의 책임자를 정할 때에도 금화를 넣은 빵으로 제비뽑기를 했다고 한다. 갈레트 데 루아Galette des Rois는 '왕의 파이'란 뜻으로 오늘날의 풍습은 주현절을 축하하는 의미가 담겨 있다. 한편 갈레트 데 루아가 지금의 형태로 완성된 시기는 파이 반죽과 크림이 궤도에 오른 16~17세기. 이보다 앞서 브리오슈 반죽으로 구운 것이 등장했는데, 지금도 남프랑스에 가면 링 모양의 브리오슈를 먹을 수 있다.

세계의 디저트 역사

갈레트 데 루아에 넣는 크림(프랑지판 크림)의 레시피는 1533년 카트린 드 메디시스(P.102)가 결혼하여 프랑스로 갈 때 그녀를 사랑하던 로마의 프랑지판 백작이 선물했다고 한다.

Galette des rois

갈레트 데 루아는 파티시에에게 필요한 테크닉이 집약된 과자라고 불리며, 프랑스에서는 MOF(프랑스 최고의 장인) 시험의 과제이기도 하다.

갈레트 데 루아의 무늬

자연의 모티브에 소원을 담다

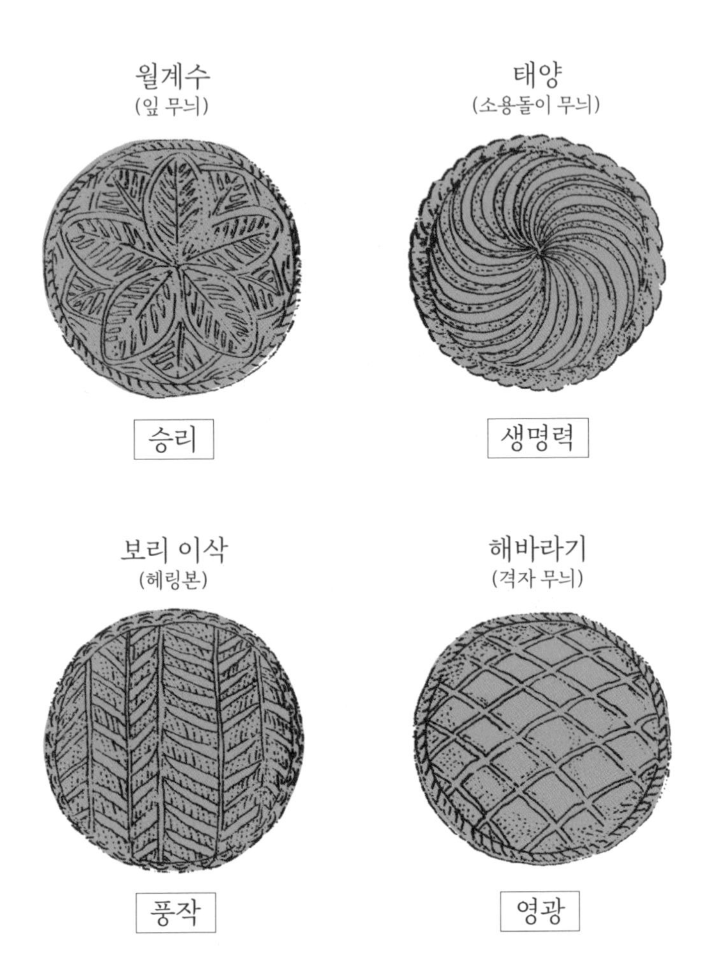

● 페브Fève

프랑스어로 '누에콩'을 뜻한다. 영양가 높은 누에콩은 고대부터 인간에게 귀중한 음식이었으며 모양이 태아를 닮아서 생명, 재생, 부활을 의미한다고 생각했다. 사람들은 결혼식이나 농경 의식에서 누에콩을 대접하거나 바쳐서 자손 번영과 풍작을 빌었다고 한다. 과자나 빵에 넣는 페브가 도자기 인형이 된 것은 1847년의 일이다. 일설에는 파리의 한 제과점이 독일 마이센 도기에 주문한 것이라고 한다. 처음에는 성인 등 기독교를 모티브로 한 것이었으나 점차 동물이나 과자, 반지 등 베리에이션이 늘어나 현재는 페브 수집가들도 많아졌다.

에피파니(Epiphanie)

에피파니는 크리스마스로부터 12일 후인 1월 6일 예수 그리스도의 탄생을 축하하는 날이다. '주현절', '공현절'이라고도 부른다. 예수가 탄생하자 동방에서 세 명의 현자가 이날 찾아와 예수를 알현하고 축하했다고 한다. 이로써 그리스도의 탄생을 사람들이 알게 되었다. 에피파니 축하 행사에서는 가족이나 동료와 갈레트 데 루아를 나눠 먹는 전통이 있다.

Amandine

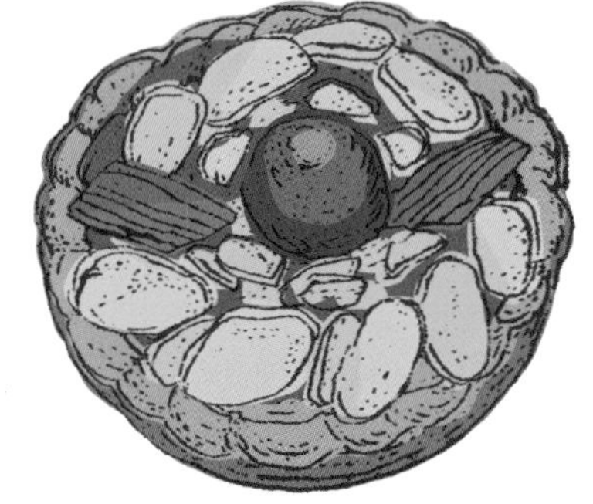

아몬드 슬라이스와 안젤리카(약용 허브), 드레인 체리 등으로 장식한 귀여운 크기가 일반적이다. 큰 사이즈로 구운 것은 과일 타르트 등의 토대로도 쓰인다.

029 / 아망딘

세계 무대에 데뷔한 아몬드 타르트

시대 | 1638년

1638년 아망딘Amandine을 고안한 주인공은 파리의 파티시에 시프리엥 라그노다. 그는 굶주린 시인과 배우들에게 먹을 것을 나누는 선한 마음을 가진 사람이었는데, 과자 값으로 극장 입장권을 받았다고 하니 생활이 넉넉할 리가 없었다. 하지만 기회는 그의 사후에 찾아온다. 1897년 에드몽 로스탕의 희곡 〈시라노 드 베르주라크〉 속에서 주인공 시라노의 단골 가게에서 파는 과자로 아망딘의 레시피가 선보인 것이다. 그리고 어떻게 되었을까? 이 희곡은 대성공을 거둔다. 이후 세계 각국에서 상연되었고 라그노의 타르트도 일약 유명세를 타게 된다. 주인이 무대에 쏟아부은 열정이 스며든 덕분인지 라그노의 가게는 지금도 파리에 현존하고 있다.

세계의 디저트 역사

시라노 드 베르주라크(1619~1655)는 프랑스의 문학가, 자유사상가다. 저작으로 《달나라 여행기》, 《해나라 여행기》 등이 있다. 희곡에서 시라노는 못생긴 코를 가진 마음씨 착한 시인이자 검객으로 그려졌다.

030

크렘 브륄레

티스푼으로 톡톡 깨뜨려 먹는 행복

시대 | 1691년

캐러멜을 스푼으로 톡톡 깨뜨려 바삭바삭 씹는 상쾌함! 영화 〈아멜리에〉에 등장하면서 각광을 받게 된 크렘 브륄레Crème Brûlée의 기원에는 몇몇 후보가 있다. 도자기 컵에 담아서 먹는 '팟 드 크렘'이라는 크림을 접시에 제공하는 디저트로 바꾼 폴 보퀴즈가 고안했다고도 하고, 17세기 영국의 전통 디저트인 '번트 크림'이 원형이라고도 한다. 하지만 유력한 것은 스페인 카탈루냐 지방의 전통 과자인 '크레마 카탈라나'이다. 17세기 이전부터 먹던 이 디저트를 프랑수와 마시알로가 프랑스로 들여와 수정해서 1691년 저서에 발표한 것이 최초의 크렘 브륄레 레시피다. 루이 14세의 동생인 필립 오를레앙공에게도 대접했다고 한다.

세계의 디저트 역사

프랑스 영화 〈아멜리에〉는 오드리 토투 주연의 로맨틱 코미디 영화. 주인공 아멜리에의 낙은 크렘 브륄레의 캐러멜을 두들겨 깨는 것. 영화의 세계적인 히트와 동시에 크렘 브륄레는 큰 인기를 얻게 되었다.

'불에 탄 크림'이라는 이름에서 알 수 있듯이 커스터드 크림 위에 카소나드 설탕을 뿌린 후 토치로 표면을 태워 캐러멜화해서 완성한다.

031 / 아펠슈트루델

얇은 반죽을 말아 만든 오스트리아 파이

시대 | 1696년

'춘권'의 원조라고도 하는 슈트루델. 얇은 반죽을 돌돌 말아 올리는 부분은 확실히 닮았지만, 그 반죽의 기원을 더듬어 올라가 보면 튀르키예 전통 파이인 '바클라바'가 있다. 바클라바는 옥수숫가루와 밀가루로 만든 얇은 반죽(필로)을 사용했으며 15세기경 유럽으로 건너갔다. 그 이후는 역사적으로 으레 그렇듯이 각 지역마다 변형이 이루어지고 점차 다양한 것을 채워 굽게 되었다. 그중 사과를 이용한 아펠슈트루델Apfelstrudel은 대표적인 슈트루델 중 하나이며, 1696년에 손으로 직접 쓴 레시피가 남아 있다. 오랜 세월 동안 오스트리아뿐만 아니라 유럽을 지배한 합스부르크 가문의 여제인 마리아 테레지아가 좋아했던 디저트로도 알려져 있다.

세계의 디저트 역사

오스트리아의 중심 빈의 디저트는 가늘고 길게 만드는 특징이 있다. 독실한 가톨릭 신자였던 합스부르크 가문에서는 자를 때 십자 모양이 되는 둥근 빵은 특별한 경우에만 인정했다고 한다.

슈트루델은 독일어로 '소용돌이'라는 뜻이다. 오스트리아에는 채소나 고기를 싸서 굽는 짠맛 슈트루델도 있다. 좋은 반죽은 반죽 밑에 신문을 놓고 읽을 수 있을 정도로 얇다고 한다.

아몬드에 캐러멜화한 설탕을 입혀 만든 과자. 갈색이 일반적이며 빨갛게 물들인 설탕을 섞은 프랄린 로즈는 브리오슈 드 생즈니(P.67)에 장식된다.

032 / 프랄린

주인의 이름을 드날리게 한 아몬드 과자

시대 | 17세기

루이 13세를 모셨던 플레시 프랄랭 후작은 늘 프랄린Praline을 가지고 다녔다고 한다. 이유는 언제 만날지 모르는 아름다운 귀부인들을 위해서였다. 화려한 궁정에서 프랄랭 후작의 인기를 높인 이 과자는 전속 요리사였던 클레망 자루죠가 고안한 것이다. 어느 날 누가*를 만들고 남은 재료가 냄비에 달라붙어 있는 것을 본 그는 여기에 아몬드를 넣어 보면 어떨까 하는 생각을 하게 되었다고 한다. 한편으론 실수로 바닥에 떨어뜨린 아몬드를 어쩔 수 없이 설탕으로 조린 것이라는 설도 있다. 우연인지 실수인지는 몰라도 프랄린이 후작과 부인들을 행복하게 해준 것만은 틀림없다. 그 후 자루죠가 고향에서 시작한 프랄린 전문점에서 궁정에 프랄린을 납품하게 되었고, 지금도 프랑스 몽타르지의 명과로 이어지고 있다.

* 견과류, 버찌 등이 들어 있어 씹어 먹는 사탕.

세계의 디저트 역사

프롱드의 난(1648~1653) 때 반란군과의 협상장에 도착한 프랄랭 공작은 아몬드 과자를 대접했다. 상대방은 감동하여 과자 이름에 공작의 이름을 딴 프랄린(프랄랭의 여성형)을 붙였다고도 전해진다.

033 / 스폴리아텔라

수도원에서 만든 우연의 산물

시대 | 17세기

조개 모양이 아름다운 스폴리아텔라Sfogliatella는 17세기 이탈리아 남부의 산타로사 수도원에서 태어났다. 상한 세몰리나 가루*를 가지고 고민하던 수녀가 말린 과일과 설탕을 섞어 파이 반죽으로 싸서 구운 것이 시초라고 한다. 이 우연한 레시피는 상당히 맛있다는 호평을 받았지만 안타깝게도 오랫동안 수도원만의 전유물이었다. 1818년에 어떤 경로를 통했는지 이탈리아 나폴리의 제과점 주인인 파스칼레 핀타우로가 비법 레시피를 입수하게 된다. 그리고 원래는 수도사의 모자를 본떠 만든 것이었으나 조개껍질 모양으로 변형시켜 판매하는 데 성공했다. 먹으면 바삭바삭, 그림 같은 모양의 과자가 나폴리 사람들을 매료시킨 것은 당연한 일이었다.

* 듀럼밀을 제분한 밀가루. 주로 파스타를 만드는 데 사용된다.

세계의 디저트 역사

이탈리아에 제과점이 본격적으로 출현한 것은 19세기다. 그 이전에는 수도원이 과자를 만드는 일을 맡아 축제나 제사 등에 쓰는 과자를 판매했다.

'주름을 여러 장 겹쳤다'는 뜻을 가진 나폴리의 과자. 속에는 주로 리코타 크림을 넣는다. 파이 반죽으로 만드는 '스폴리아텔라 리치아'와 타르트 반죽으로 만드는 '스폴리아텔라 프롤라'가 있다.

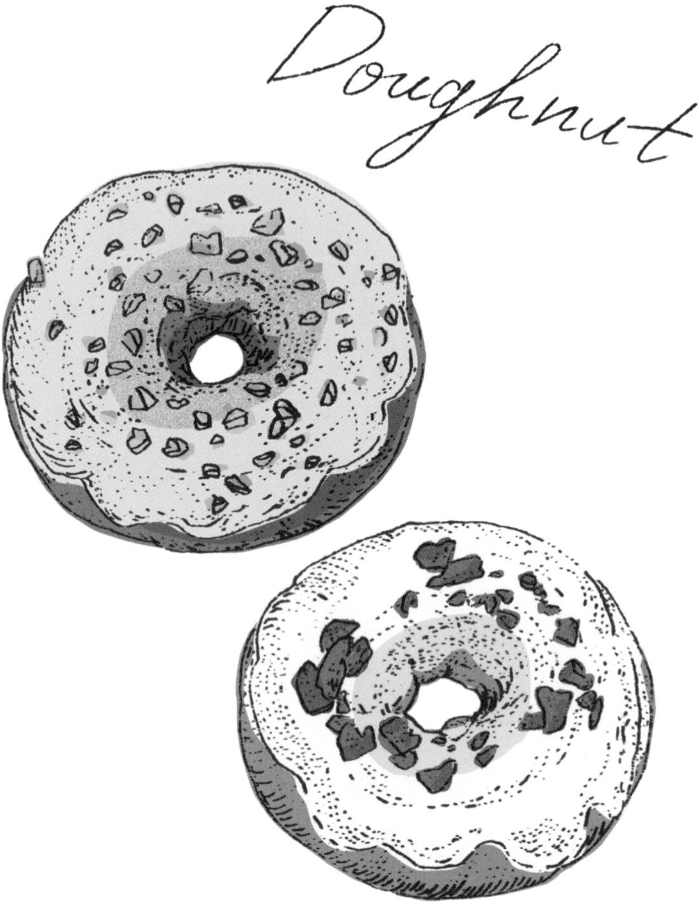

Doughnut

도넛의 종류는 효모를 이용한 '빵 도넛', 베이킹파우더를 이용한 '케이크 도넛'이 있다. 크룰러* 계열에는 슈 반죽을 사용한다. 도넛의 형태는 링 모양과 막대 모양, 꽈배기 모양 등 다양하다.

* 꽈배기 모양의 튀긴 도넛을 일반적으로 이르는 말.

034 / 도넛

시작은 호두를 넣은 둥근 튀김 빵

시대 | 17세기

어떤 것이 도넛Doughnut의 범주에 드는지 고민스럽지만 그 이름에서 유래를 더듬어 보면 Dough(반죽) + Nut(견과류)이 근간이다. 빵 가운데에 호두를 넣어 튀긴 네덜란드의 '올리코엑'이 도넛의 시작이며, 17세기 영국 청교도들이 네덜란드에 머무는 동안 제조법을 얻어 미국으로 건너간 것으로 알려져 있다. 그렇다면 도넛의 구멍은 언제 생겼을까? 일설에는 1847년 미국의 그레고리 선장이 싫어하는 견과류를 빼고 만들었다고 알려져 있으며, 그가 살았던 메인주에는 도넛 발명 기념비도 있다. 한편 펜실베이니아 더치* 들은 17~18세기에 이미 '파스나흐트'라는 일종의 구멍이 뚫린 도넛을 먹었다고도 한다. 어쨌든 가운데 구멍은 도넛을 고르게 빨리 튀기기 위해서 없어서는 안 될 운명적인 개량이었다.

* 신앙의 자유를 찾아 미국으로 건너간 독일계 이주민.

세계의 디저트 역사

일본에 도넛이 전래된 것은 메이지 시대. 일반에 보급된 것은 1970년 〈던킨 도너츠〉(1998년 철수)와 1971년 〈미스터 도너츠〉가 문을 연 뒤다.

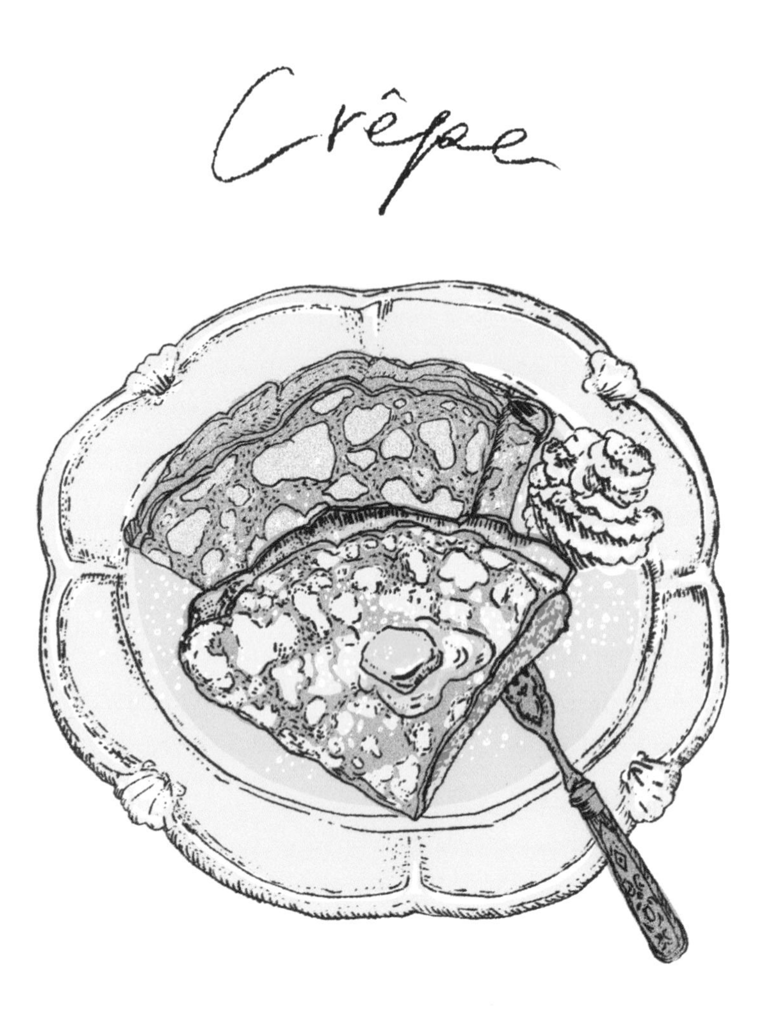

밀가루, 달걀, 우유, 설탕(또는 소금)으로 만든 반죽을 철판에서 둥글고 얇게 구운 것이다. 일반적으로 크레페는 단맛이 있는 반면, 갈레트는 짠맛이 있어 가벼운 식사용으로도 좋다.

035 / 크레페

'죽'에서 왕비가 좋아하는 '디저트'가 되기까지

시대 | 17세기

과거 프랑스의 브르타뉴 지방은 땅이 척박해서 밀이 자라지 않았다. 농민들은 십자군이 가져온 중국산 메밀을 재배해서 메밀가루와 소금, 물로 죽을 만들어 먹었다. 어느 날 달궈진 돌 위에 똑 하고 죽을 떨어뜨리자 고소한 갈레트가 구워졌다. 시간은 흘러 17세기에 이것을 먹게 된 안느 왕비*는 크게 반하여 궁중 디저트로 채택했고, 후에 메밀가루를 밀가루로 바꾸고 우유, 달걀, 설탕이 첨가됐다. 이것이 크레페Crêpe의 탄생이다. 프랑스에서는 온 국민이 크레페를 먹는 날**이 있을 정도로 지금은 대중적인 디저트가 되었다. 프랑스어로 '주름진 실크'란 뜻의 크레페는 구웠을 때 표면이 파도쳐 주름진 실크처럼 되는 것에서 유래했다.

* 프랑스 국왕 루이 13세의 왕비 안느 도트리슈.

** 2월 2일 샹들뢰르(주님봉헌축일).

세계의 디저트 역사

샹들뢰르에는 점을 치는 습관이 있다. 한 손에 동전을 들고 다른 한 손으로 프라이팬에 담긴 크레페를 던져 잘 뒤집으면 소원이 이루어진다는 것. 1812년 2월 2일 나폴레옹 1세는 이 점에 실패했고, 그해 모스크바 원정에서도 패배했다는 이야기가 전해진다.

036 / 가토 바스크

다크체리 잼을 넣은 바스크 전통 케이크

시대 | 17세기

프랑스와 스페인에 걸쳐 있는 바스크 지방. 그곳에는 고유의 언어와 문화, 그리고 자부심이 있다. 가토 바스크Gâteau Basque 윗면에는 로브르(4개의 머리)라는 십자가를 그리는데, 바스크의 4개 도시 또는 태양을 나타낸다고 한다. 가토 바스크는 17세기에 캄보레방이라는 온천 마을에서 탄생했다. 처음에는 옥수숫가루와 라드로 만든 쿠키였지만, 향토애가 강했던 그곳 사람들은 우리 땅에서 난 산물을 넣어야 한다는 생각으로 다크체리 잼을 더하게 된다. 19세기에 제과점을 운영하던 마리안느가 가토 드 캄보라는 이름으로 만들던 케이크를 다른 지역으로 팔러 갔는데 큰 호평을 받았다. 그것이 '바스크인의 케이크'를 뜻하는 가토 바스크가 되었고, 지금도 그녀의 후손들에 의해 맛이 지켜지고 있다.

세계의 디저트 역사

1994년 설립된 〈EGUZKIA〉는 가토 바스크의 보존과 보급을 위한 단체다. 가맹 점포에서 사용할 재료를 지정하거나 품평회 등을 진행하고 있다. 사르라는 마을에는 가토 바스크 박물관이 있다.

Gâteau basque

전통적인 가토 바스크는 다크체리 잼을 사용하지만 지금은 커스터드 크림을 넣은 것도 인기다.

037 / 슈크림

그 이름은 '크림을 넣은 양배추'

시대 | 17세기

동글동글한 모양이 양배추를 닮았다고 생각했는지 유쾌한 이름을 갖게 된 디저트. 모두가 좋아하는 슈크림Choucream은 '크림을 넣은 양배추'라는 뜻이다. 슈 반죽이 등장한 것은 16세기. 오븐이 없던 시절에 튀겨서 먹던 '베녜 수플레'가 원형이라고 하며, 1533년 카트린 드 메디시스(P.102)와 함께 프랑스로 건너온 파티시에 포펠리니가 반죽을 오븐에서 건조하게 굽는 제조법을 터득했다고 한다. 1655년의 문헌에는 '푸플랭'이라는 과자를 설명하면서 처음으로 '슈'라는 말이 등장한다. 가마에서 꺼냈을 때 둥글게 부풀어 오른다 하여 유방을 의미하는 이 이름으로 불렸다고 한다. 한편 슈크림에 들어가는 커스터드 크림은 17세기경에 이미 만들어졌으나, 슈 반죽은 100년 후인 1760년 장 아비스(P.133)에 의해 완성되었다.

세계의 디저트 역사

슈크림은 19세기에 요코하마에서 서양 제과점을 연 프랑스인 사무엘 피에르에 의해서 일본에 전해졌다. 그 이후 제과점 〈요네즈 후게츠도〉와 〈가이신도〉에서도 만들기 시작했다.

038 / 칸투치
이가 들어가지 않을 정도로 딱딱한 비스킷

시대 | 17세기

칸투치Cantucci를 좋아한다면 부디 치아 건강에 유의하자. 씹을 때 바삭거리는 소리가 마치 작은 노래 소리 같다고도 하는 과자이니 말이다. 밀가루와 달걀, 설탕, 아몬드로 만든 고소한 칸투치는 이탈리아 토스카나 지방의 프라토가 발상지다. 그래서 칸투치를 '비스코티 디 프라토'라고도 부른다. 17세기에는 일반적인 디저트였던 이 꾸밈없고 심플한 과자가 유명해진 것은 1867년 파리 세계 박람회에서다. 프라토의 파티시에였던 안토니오 마테이가 오리지널 레시피인 비스코티를 선보이면서 금세 인기 과자 반열에 올랐다고 한다. 그 레시피는 지금도 변하지 않았고, 마테이의 가게 또한 프라토 중심지에 아직도 남아 있다.

세계의 디저트 역사

칸투치에 빼놓을 수 없는 아몬드는 서아시아가 원산지인 장미과 식물이다. 식용이 되는 '스위트 아몬드'와 향료 등에 사용되는 '비터 아몬드'가 있다. 일본에는 1868년에 수입되었으나 기후가 맞지 않아 재배에는 성공하지 못했다.

039 / 쿠글로프

마리 앙투아네트가 좋아했던 아침 식사

시대 | 17세기

쿠글로프, 구겔호프, 쿠겔호프 등 다양한 호칭으로 불린다는 것은 사람들에게 널리 사랑받는다는 증거다. 쿠글로프Kouglof는 17세기 프랑스 알자스에서 탄생한 발효 케이크이지만 오스트리아와 독일, 폴란드 등에서도 만들어졌다. 오스트리아 빈 태생의 마리 앙투아네트(P.104)가 가장 좋아하는 음식으로도 알려져 베르사유 궁전에서 아침 식사의 단골 메뉴였다고 한다. 그럼 파리의 거리는 어땠을까? 파티시에 피에르 라캄의 《과자 제조업 회상록》에 의하면 1840년에 알자스의 제과업자인 조르주가 쿠글로프를 팔기 시작하자 하루에도 수백 개씩 팔릴 정도로 인기가 있었다고 한다. 알자스는 전쟁의 역사에 휘말렸던 지역이다. 토종 맥주 효모를 넣어 도자기 틀에서 굽는 이 케이크는 '시곤느(황새)'라고도 불리며 사랑의 상징으로 여겨진다.

세계의 디저트 역사

프랑스 알자스의 리보빌레 마을에 들른 동방의 세 현자(P.81)는 쿠겔이라는 도자기 장인의 집에서 묵었다. 그 답례로 현자들은 쿠겔이 만든 그릇 모양으로 케이크를 구웠다고 하여 '쿠겔호프'라고 부르게 되었다는 전설이 있다.

말라가산 건포도를 넣고 위에 통아몬드를 올려서 굽는 것이 전통적인 쿠글로프. 다 구운 후에 슈가파우더를 듬뿍 뿌린다. 알록달록한 색과 무늬로 채색한 쿠글로프 틀은 알자스 여행의 기념품이 되었다.

Column 1

인물 index

카트린 드 메디시스(1519~1589)

Catherine de Médicis

프랑스 국왕 앙리 2세의 왕비. 1533년 이탈리아 메디치 가문에서 프랑스로 건너와 열 명의 자녀를 낳았다. 그중 세 명이 국왕(프랑수아 2세, 샤를 9세, 앙리 3세)의 자리에, 두 명이 왕비의 자리에 앉았다. 남편이 죽은 뒤 섭정으로 권력을 잡았고, 훗날 생 바르텔레미의 학살을 기획했다는 등 악녀의 이미지도 있다. 하지만 르네상스 문화의 중심지 피렌체의 대부호 집안에서 온 카트린이 프랑스에 가져다준 것은 헤아릴 수 없이 많다. 이탈리아에서 데려온 요리사들에 의해 빙과(P.192)와 마카롱(P.68) 등의 과자가 소개되었고 향수와 양산, 레이스 등의 아이템은 귀부인의 패션을 세련되게 만들어 주었다. 또한 당시 프랑스에서는 귀족들조차 포크를 이용하여 식사를 하지 않았는데, 이 결혼을 통해 우아한 식사 예절이 갖추어지게 되었다. 더욱이 그녀는 미술과 연극, 문학, 건축 등 예술을 각별히 사랑해 오늘날 프랑스 문화의 발전에 크게 기여했다.

스타니슬라스 레슈친스키(1677~1766)

Stanislas Leszczynski

마들렌(P.113)과 바바(P.116)의 탄생 이야기에도 등장하는 등 대단한 미식가로 알려져 있지만 그의 삶은 파란만장했다. 1704년 폴란드의 왕이 되었으나 1709년 왕위에서 쫓겨난다.* 1725년 딸 마리**와 프랑스 루이 15세의 혼인으로 프랑스의 지지를 얻었으나 폴란드 계승 전쟁 후 로렌 공국의 영주가 되었다. 한편 아버지로서는 루이 15세가 정부 퐁파두르 부인의 품에서 돌아오지 않는 것에 마음 아파하며 사랑하는 딸에게 많은 요리와 디저트 레시피를 전수했다고 한다. 왕의 마음을 돌리려는 원래의 목적과는 달랐지만 마리 왕비의 살롱에서 제공되는 디저트는 큰 인기를 끌었다고 한다.

* 폴란드는 유럽과 러시아 등 강대국의 간섭이 끊이지 않아 외국 왕가에서 국왕이 선출되기도 했다.

** 마리 레슈친스키(1703~1768). 22세에 루이 15세와의 결혼으로 프랑스로 건너가 2남 8녀의 어머니가 되었다. 그녀를 위해 만들어진 '여왕님의 한입 요리'(P.109)는 지금도 프랑스에서 사랑받고 있다.

마리 앙투아네트(1755~1793)

Marie Antoinette

오스트리아 합스부르크 가문의 여제 마리아 테레지아의 딸로 태어났다. 1770년 14세 때 부르봉 왕가의 황태자(훗날 루이 16세)와 정략적으로 결혼했으며 1774년 왕비가 된다. 화려한 궁정 생활과 어려워진 왕실 재정으로 인해 '적자 부인'으로 불렸고, 억울하게 누명을 쓰게 된 사기 사건인 '다이아몬드 목걸이 사건'으로도 국민적 비난을 받았다. 1789년 프랑스 혁명 당시 국외 도피를 시도했으나 실패로 끝나고, 1793년 반역죄로 처형되었다. '비극의 왕비'라고 불리는 앙투아네트였지만, 그 모습은 우아하고 천진난만하며 디저트를 좋아하는 여성이었다. 행복했던 어린 시절 고국에서 맛봤던 쿠글로프(P.100)를 즐겨 먹었다는 것은 유명하다. 또 아침 식사 때는 초콜릿을 마시고 유제품과 과일을 빼놓지 않고 챙겼으며, 영양분이 풍부하다는 당나귀 젖도 마셨다고 전해진다. 콩시에르쥬리 감옥에서 맞이한 처형 당일 아침, 앙투아네트가 먹은 것은 약간의 부용(고기, 채소 등을 끓여 만든 육수) 국물뿐이었다고 한다.

마리 앙투안 카렘(1784~1833)

Marie-Antoine Carême

프랑스 요리의 혁신을 이루어 '셰프의 왕이자 왕의 셰프'로 불리는 19세기 천재 요리사이며 파티시에. 파리의 가난한 집에서 태어나 10세 때 고아가 되었으나 작은 식당 주인이 거두어 주었고, 요리에 재능을 발휘해 일류 요리사로 성장했다. 파리의 유명한 제과점인 〈바이이〉의 수련생 시절, 도서관에서 독학으로 공부한 조각과 건축학을 바탕으로 훗날 많은 피에스 몽테(쌓아 올려 만든 대형 과자) 걸작품을 제작했다. 또한 레시피 이외에 도구의 고안에도 관여했는데, 높이가 있는 요리사 모자를 쓰기 시작한 것도 카렘이라고 한다. 그의 활약은 화려했는데, 나폴레옹의 외교관인 탈레랑의 요리사로 일한 뒤 영국 황태자, 러시아와 오스트리아 황제의 요리사가 되었다. 이후 유럽 최고 부호인 로스차일드 가문에서 일하며 솜씨를 발휘했다. 세계적인 유명 셰프가 된 카렘이었지만 자신은 호리호리한 체형에 입이 짧았고 뱃길 여행을 무척 싫어했다고 한다. 《파리의 왕실 제과사》, 《파리의 호텔 요리장》 등 다수의 저서를 남겼다.

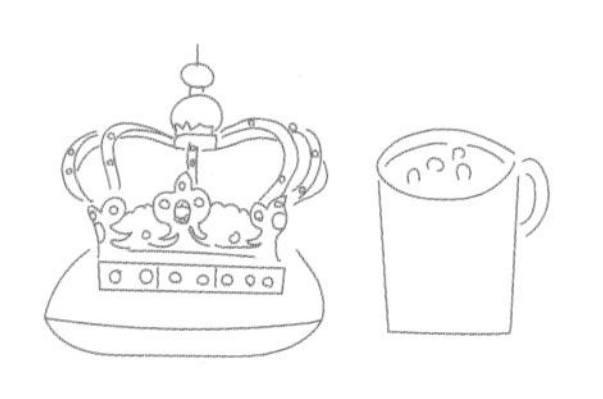

"국왕과 초콜릿, 나의 두 가지 정열"

- 루이 14세의 왕비 마리 테레즈

근대

(18~19C)

Meringue

달걀흰자와 설탕을 단단하게 거품 낸 것, 또는 그걸 구운 과자를 '머랭'이라고 한다. 크림이나 반죽에 섞거나 장식에도 쓰인다. 제조법에 따라 프렌치 머랭, 스위스 머랭, 이탈리안 머랭 등으로 구분한다.

040 / 머랭

두 가지 재료만으로 넘치는 재능

시대 | 1720년경

달걀흰자와 설탕만 있으면 반죽을 폭신폭신하게 만들 수 있고 케이크의 토대나 장식도 손쉽게 만들 수 있다. 그대로 구우면 맛있는 과자도 되는 머랭Meringue. 그 공적을 일일이 열거하자면 끝이 없으며, 시폰케이크부터 마카롱, 마시멜로, 수플레 등에 두루 사용된다. 메인으로도 서브로도 활약하는 걸작품인 만큼 기원설은 다양하다. 널리 알려진 것은 1720년 스위스 마이링겐에 살던 이탈리아 출신의 파티시에 가스파리니가 고안했다는 설이다. 그리고 그것을 먹은 (훗날 루이 15세의 왕비가 되는) 마리 레슈친스키에 의해 머랭의 이름이 세상에 널리 퍼졌다. 부드럽고 풍부한 크림을 만들기 위해 달걀노른자를 사용하고 남은 흰자, 그 넘치는 재능을 발견한 파티시에에게 박수를 보낸다.

세계의 디저트 역사

마리 왕비의 아버지인 로렌의 공작 스타니슬라스 레슈친스키(P.103)는 딸을 위해 볼오방*을 개발했다. 애인의 품에 빠져 있던 루이 15세를 딸에게 되돌아오게 할 목적이었으나 소원은 이루어지지 않았고, 비탄에 잠긴 왕비는 혼자서 먹기 위해 '여왕님의 한입 요리Bouchées à la Reine'를 만들게 했다고 한다.

* 크림소스에 고기나 생선을 넣어 작게 만든 파이.

041 / 퓌 다무르

세상을 떠들썩하게 만든 사랑의 파이

시대 | 1735년

'사랑의 우물'이라는 뜻의 퓌 다무르Puits d'Amour는 낭만적인 사랑의 표현일까, 아니면? 아무튼 이 파이에는 야한 상상까지 더해져 인기가 높아졌다고 한다. 퓌 다무르의 모태가 된 레시피는 1735년 뱅상 드 라 샤펠의 저서 《현대의 요리사》에 기록되어 있다. 그에 따르면 처음에는 파이 시트 안에 레드커런트 잼을 채우는 비교적 심플한 디저트였다고 한다. 그것을 스토레(P.116), 코클랭, 부르달루라는 세 명의 위대한 파티시에가 결집하여 잼을 커스터드 크림으로 바꾸고 아름다운 색을 입혀서 지금과 같은 모양으로 만든 것이다. 이름은 1843년 파리의 오페라 코믹극장에서 상연된 오페라 〈퓌 다무르〉에서 따왔다고 한다.

세계의 디저트 역사

뱅상 드 라 샤펠(1690 또는 1703~1745)은 18세기 프랑스 요리사다. 배에서 요리사로 일하며 항해한 경험이 있으며, 이후에 영국과 네덜란드에서도 일했다. 유연하고 개방적인 발상으로 다른 문화를 도입해 프랑스 요리의 초석을 다졌다.

Puits d'amour

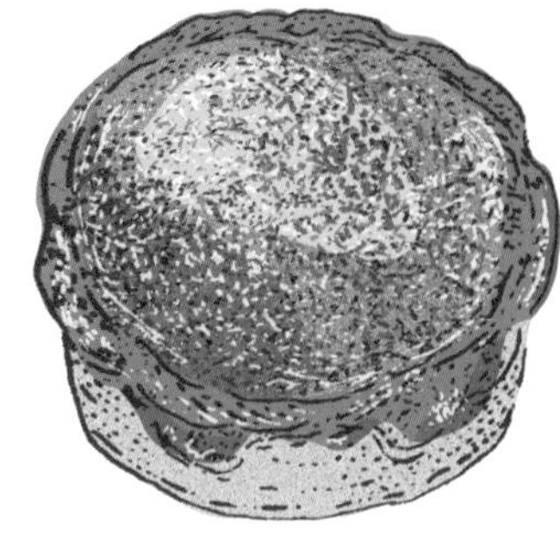

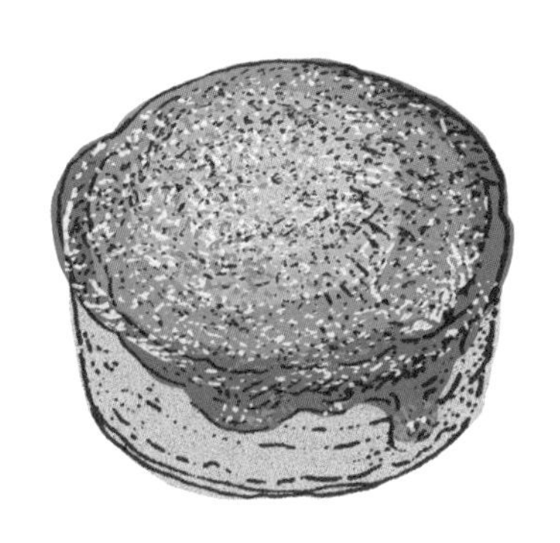

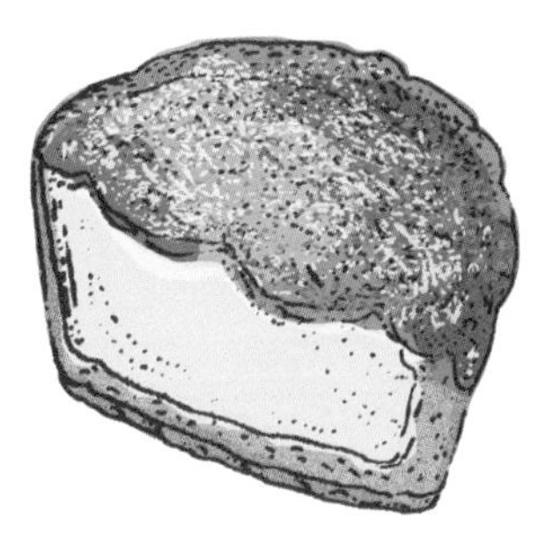

파이 시트에 커스터드 크림을 채우고 표면에 설탕을 뿌려 캐러멜화한다. '사랑의 우물'은 실제 18세기 파리에 있었던 우물이라고 한다.

042 파스텔 드 나타

포르투갈의 국민 디저트, 에그 타르트

시대 | 1739년

우리에게는 '에그 타르트'라고 해야 바로 알아들을 수 있는 파스텔 드 나타Pastel de Nata는 18세기 초에 수도원에서 만들어졌다. 포르투갈에서는 짧게 나타로 불리며 국민적 인기를 자랑한다. 1739년 리스본 서부의 벨렝에 있는 제로니무스 수도원의 제과사 마뉴엘 다 질바가 판매하던 것이 일품이었다고 한다. 원래 수도원의 과자는 왕족이나 귀족의 제사를 위한 선물이었다. 그러나 사치에 빠진 수도사들에 대한 징계로 국가가 수도원의 수입을 격감시키자 그들은 생계를 위해 과자를 팔 수밖에 없게 되었다. 그런 절실한 상황 속에서도 제로니무스 수도원의 파스텔 드 나타는 명성을 얻어 1837년에는 〈파스테이스 드 벨렝〉이라는 제과점도 문을 열었다. 비온 뒤 땅이 굳는다는 말처럼 수도원 밖으로 나간 그 맛과 레시피는 사람들에게 계승되어 널리 사랑받는 디저트가 되었다.

세계의 디저트 역사

1999년 포르투갈령이었던 마카오가 중국에 반환되었다. 당시 마카오에 관심이 쏠리는 가운데 현지에서 '에그 타르트'라는 이름으로 파스텔 드 나타가 인기리에 판매되었다.

043 마들렌

조개껍질 모양에 감도는 깊은 버터 향

시대 | 1755년

1755년 프랑스 로렌 지방의 영주 레슈친스키(P.103)가 코메르시성에서 만찬을 열려고 할 때 사건이 일어났다. 주방에서 싸움이 있었고, 결국 파티시에가 일을 그만두고 성을 떠나버린 것이다. 그러나 머리를 싸매고 있는 영주 앞에 여신이 나타난다. 젊은 하녀 마들렌 폴미어가 그녀의 할머니가 알려준 레시피로 과자를 만들어 손님들을 대접했는데 이것이 극찬을 받은 것이다. 크게 기뻐한 레슈친스키는 그녀를 칭찬하며 그 과자에 마들렌Madeleine이라는 이름을 붙여주었다. 이는 수많은 유래 중 하나이지만 마들렌이 코메르시의, 더 나아가 세계의 명과가 된 것은 잘 알려진 사실이다. 20세기의 위대한 작가 마르셀 프루스트의 소설 《잃어버린 시간을 찾아서》의 첫머리에 등장하는 과자도 바로 마들렌이다.

세계의 디저트 역사

프랑스 코메르시에서 공장 생산이 시작된 마들렌은 당초에는 1년에 2만 개를 생산했다. 19세기 중반, 파리와 스트라스부르가 간이 철도로 연결되자 더욱 인기가 높아져 1년에 240만 개로 생산이 급증했다.

044 / 샤를로트

화려한 모자를 형상화한 케이크

시대 | 18세기 말

마리 앙투안 카렘(P.105)이 만든 여러 디저트 중 샤를로트Charlotte는 걸작으로 꼽힌다. 18세기 말 영국 궁정에서 조지 3세의 왕비인 샤를로트에게 바쳐진 디저트가 그 원형이다. 당시에는 식빵이나 브리오슈(P.67)를 틀에 나란히 놓고 과일 콩포트(설탕에 조린 과일)를 채워 구운 것이었다. 이후 1815년 러시아 황제의 연회용 디저트로 만들어진 것이 러시아식 샤를로트Charlotte à la Russe. 이 역시 카렘이 고안한 것으로 핑거 비스킷에 무스나 바바루아(P.122)를 이용한 냉제 케이크였다. 필링에 따라 베리에이션이 많은 화려한 케이크가 탄생된 것이다. 그 이름은 당시 귀부인들이 즐겨 쓰던 프릴이 달린 모자(샤를로트) 모양을 닮은 것이 유래라고도 한다.

세계의 디저트 역사

핑거 비스킷은 프랑스어로 'Biscuits à la Cuillère(스푼으로 만든 과자)'. 아직 짤주머니가 없던 시절에는 숟가락을 사용해 반죽을 오븐 팬에 올려놓았는데 여기에서 유래되었다.

Charlotte

냉제 샤를로트는 핑거 비스킷을 귀부인의 모자인 샤를로트 모양으로 배열한 다음, 바바루아(P.122)나 무스를 채워 만드는 케이크다. 따뜻하게 먹는 것도 있는데, 카렘은 샤를로트만도 수십 가지를 고안했다고 한다.

045 바바

파리에서 가장 오래된 제과점의 간판 상품

시대 | 18세기

요리사 슈브리오는 생각했다. 치통에 시달리는 주인이 가장 좋아하는 구겔호프(P.100)를 맛있게 먹게 하려면 어떻게 해야 할까? 그래, 와인을 뿌려서 부드럽게 만들어보자! 이렇게 해서 바바Baba가 만들어졌다. 주인은 미식가인 레슈친스키 공작(P.103). 굽는 틀을 바꾸고 럼주를 넣은 시럽을 스며들게 하여 보기 좋게 완성한 이 디저트에 대해 주인은 대만족이었고, 자신의 애독서 《천일야화》의 주인공 알리바바의 이름을 따서 '바바'라고 이름 지었다고 한다. 레슈친스키가 직접 고안했다는 설도 있지만, 어쨌든 후일에도 프랑스 명과의 주된 논제는 '구겔호프를 새로운 방식으로 먹는 방법'이었음은 틀림없다. 한편 1725년 레슈친스키의 딸인 마리가 루이 15세와 결혼할 때 동행한 파티시에 스토레는 베르사유 궁전에서도 바바를 만들어 왕비를 기쁘게 했다고 한다.

세계의 디저트 역사

1730년, 니콜라 스토레는 파리에 제과점 〈스토레Stohrer〉를 개점했다. 간판 상품으로 '알리바바'를 팔았는데, 솔을 이용해 시럽을 바르던 것을 시럽에 미리 담가두는 방식으로 바꿨다. 가게는 파리에서 가장 오래된 제과점으로 현존하고 있다.

Baba

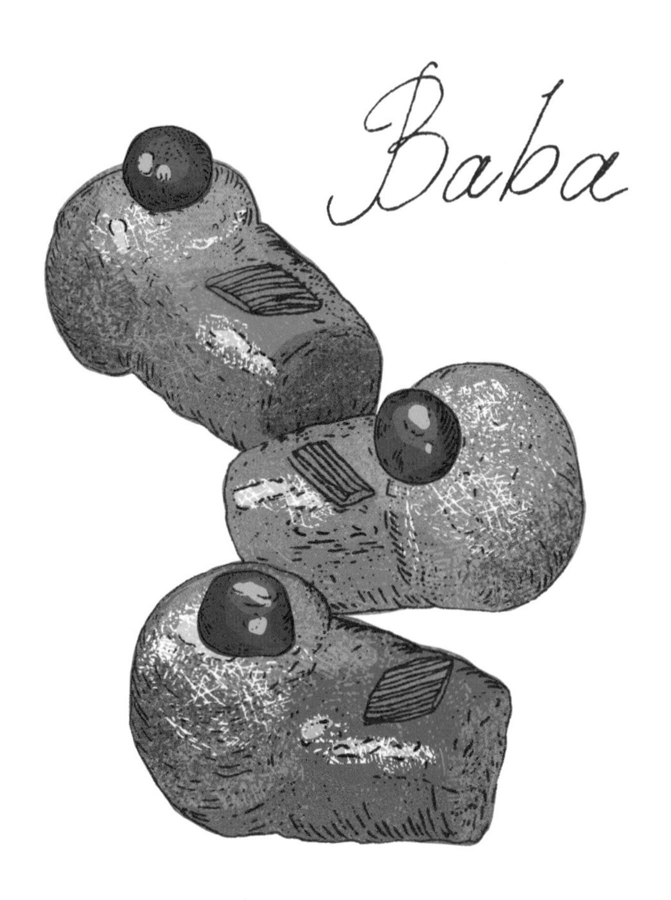

시럽이 듬뿍 스며든 반죽은 손으로 만져도 원래 모양으로 완벽하게 돌아간다. 이탈리아 나폴리에서는 예전에는 큰 도넛 모양으로 구워 크림으로 장식하고 자바이오네(P.45)를 곁들여서 먹었다고 한다.

046 가토 망케

망친 케이크의 성공적인 변신

시대 | 1807년

"이 케이크는 망쳤어! Le gâteau est Manqué!"라고 파리의 한 주방에서 소리친 파티시에 펠릭스. 그의 가게의 신입 직원이 가토 드 사부아(P.43)를 만드는 도중 달걀흰자로 거품을 내는 데 실패하고 만 것이다. 반죽을 버릴 수도 없고 어떻게 할지 고민하던 펠릭스는 그 반죽에 녹인 버터와 럼주를 섞어 깊은 틀에 넣어 구워냈다. 울퉁불퉁한 표면은 프랄린(P.89)으로 감추기로 했다. 그랬더니 이것이 대호평을 받게 된 것! 실패작은 일거에 인기 디저트 가토 망케 Gâteau Manqué가 되었고, 이후 이 케이크 전용으로 망케 틀까지 새롭게 고안됐다. 그러나 아쉽게도 유행은 지나가고 지금은 망케 하면 틀의 이름으로만 아는 사람이 압도적으로 많다.

세계의 디저트 역사

펠릭스는 19세기의 유명한 파티시에였다. 젊은 앙투안 카렘(P.105)이 수련생으로 있었던 가게 〈바이이〉의 주인인 장 실뱅 바이이는 은퇴하면서 펠릭스에게 가게를 물려주었다고 한다.

마겔론 투생 사마의 저서 《과자의 역사》에 의하면 '레몬 퐁당을 입히면 매우 맛있다'는 망케 케이크. 망케 틀의 특징은 위쪽으로 갈수록 폭이 넓어져 옆에서 보면 사다리꼴을 이룬다.

047 /

크로캉부슈

작은 슈로 만든 데커레이션케이크

시대 | 1814년

19세기 이후 프랑스의 결혼식과 세례식 등 축하 행사에서 빼놓을 수 없는 피에스 몽테(쌓아 올려 만든 대형 과자) 중 하나가 크로캉부슈Croquembouche. 작은 슈크림을 원뿔 모양으로 쌓아 올려 장식한 화려한 과자다. 처음 만든 것은 마리 앙투안 카렘(P.105)이라고 하며 '크로캉부슈'라는 단어가 처음 문헌에 등장한 것은 1814년 보빌리에의 저서 《요리사의 기술》에서다. 당시에는 설탕절임 과일을 사용했고, 슈크림을 이용하게 된 것은 20세기 이후부터다. 슈Chou는 프랑스어로 '양배추'를 뜻한다. 아기가 양배추밭에서 태어난다는 속설이 있는 서양에서는 크로캉부슈에 자손 번영의 기원을 담고 있다. 또한 슈의 숫자는 축복의 숫자라고 하는데 높이 쌓아 올려 하늘에 가까워질수록 행복해진다고 한다.

세계의 디저트 역사

앙투안 보빌리에(1754~1817)는 프랑스의 요리사이자 레스토랑 주인이다. 그가 1782년에 개업한 〈라 그랑드 타베른 드 롱드르〉는 파리에 처음 생긴 고급 레스토랑이었다.

Croquembouche

'입 안에서 바삭거린다'는 뜻의 크로캉부슈는 웨딩 케이크로도 알려져 있다. 예식이 끝난 뒤에는 참석자들에게 나눠주며 기쁨을 나눈다.

048 바바루아

독일 바이에른 지방에 뿌리를 둔 냉디저트

시대 | 1815년

푸딩과 젤리의 중간쯤 되는, 새로운 듯하면서 익숙한 느낌의 신기한 디저트 바바루아Bavarois. 그 뿌리는 독일 바이에른 지방의 바바루아즈라는 음료에 있다고 한다. 바바루아즈는 달걀노른자, 홍차, 우유, 설탕, 럼주, 카필레르라는 고사리 시럽 등을 섞어 만든 따뜻한 음료로 일설에는 호흡기 질환에 효과가 있다고 한다. 다른 한편으로는 바이에른 지방 대부호 집안의 프랑스 요리사가 만든 프로마쥬 바바루아*라는 케이크가 바바루아의 원형이라는 설도 있다. 1815년 앙투안 카렘(P.105)의 저서 《파리의 왕실 제과사》에는 프로마쥬 바바루아라는 이름으로 다수의 레시피가 실려 있다. 그 기원이 무엇이든 젤라틴으로 굳혀 만드는 현재의 바바루아를 탄생시킨 것은 카렘의 위대한 공적 중 하나다.

* 치즈는 사용하지 않았지만 겉모습이 치즈와 비슷했다.

세계의 디저트 역사

19세기경의 바바루아는 지금보다 설탕은 3배, 젤라틴은 2배나 많이 사용되었다. 설탕을 듬뿍 사용한 것으로 보아 사치스러운 디저트이며 꽤 달콤하고 단단한 디저트였을 것이다.

049 / 마롱 글라세
오랜 시간 공들인 밤 설탕조림

시대 | 19세기 초

은박지에 소중히 싸여 있는 모습에서 매우 값비싼 디저트임을 짐작할 수 있다. 품격이 넘치는 마롱 글라세Marron Glacé는 19세기 프랑스 아르데슈에서 탄생했으며 앙투안 카렘(P.105)의 손을 거친 뛰어난 디저트다. 그야말로 과자의 왕도라고 할 수 있다. 하지만 프랑스에서 밤은 가난한 사람들의 음식이라는 이미지가 있어 처음에는 주목받지 못했다고 한다. 상황이 바뀐 것은 1882년. 화학 섬유의 보급으로 실크 직물 산지인 아르데슈 주민들은 실직에 내몰리고 있었다. 그때 이 지역에서 클레망 포지에라는 인물이 마롱 글라세의 대량 생산을 시작한다. 알갱이가 큰 밤을 한 알씩 은박지에 싸서 세계로 판매한다는 포지에의 시도는 대성공을 거두게 된다. 지역 특산물을 활용하여 멋지게 지역 경제를 살려낸 것이다.

세계의 디저트 역사

1885년 〈클레망 포지에〉사가 개발한 크렘드마롱은 마롱 글라세를 만들 때 나오는 부스러기를 모아 크림으로 만든 것이다. 훗날 이것을 이용해 몽블랑(P.198)이 탄생했다.

050 자허토르테

누구나 인정하는 초콜릿 케이크의 왕

시대 | 1832년

오스트리아 황제 프란츠 요제프 1세의 황후 엘리자베트는 스타일이 멋진 미녀였다. 그녀는 허리를 50cm로 유지하기 위해 평생 다이어트에 힘썼다고 하는데 도저히 참지 못한 것이 자허토르테Sachertorte였다고. 이 케이크는 위대한 지도자 메테르니히 수상을 모셨던 요리사 프란츠 자허가 1832년에 고안했다. 외교에 힘을 쏟던 메테르니히는 매일같이 귀빈을 접대할 디저트를 만들라고 지시했는데, 어느 날 아이디어가 떠오르지 않아 고민하던 자허가 가지고 있던 모든 재료를 섞어 초콜릿 케이크를 구웠다. 그리고 이것이 호평을 받아 훗날 이 케이크를 맛보기 위해 유럽 전역의 미식가들이 빈으로 찾아왔다고 한다. 엘리자베트 황후도 그 매혹적인 맛에 감동했을 것이다. 왕궁에는 그녀가 지불한 자허토르테 영수증이 지금도 남아 있다.

세계의 디저트 역사

프란츠 자허가 세상을 떠난 뒤 〈호텔 자허〉를 창업한 자허 가문과 왕실에 디저트를 납품하는 제과점 〈데멜〉과의 사이에서 자허토르테의 권리를 놓고 재판이 벌어졌다. 이 싸움은 후에 '달콤한 7년 전쟁'으로 불렸다.

자허토르테는 초콜릿 스펀지케이크와 살구잼의 조합이 포인트. 〈호텔 자허〉의 자허토르테는 반죽을 2단으로 나눠 잼을 샌드하고 무설탕 휘핑크림을 듬뿍 곁들여 준다.

051 생토노레

제빵사들의 수호성인

시대 | 1840년대

제빵사들이 숭배하는 성 오노레*에게 바쳤다고 전해지는 생토노레Saint-Honoré는 슈×파이×크림을 한 번에 즐길 수 있는 호화로운 디저트다. 처음에는 브리오슈(P.67)로 만들었는데, 시간이 지나면 크림의 수분으로 인해 질척질척해지는 단점이 있었다. 개선이 필요해 시제품이 만들어지기 시작했는데, 그 와중에도 이 미완의 빵은 계속 팔렸다고 한다. 생토노레를 후세에 남을 명품으로 만든 것은 파리 생토노레 거리에 있던 제과점 〈시부스트〉의 파티시에 오귀스트 줄리앙. 고안 시기는 여러 설이 있으나, 제과점의 주인 시부스트가 1840년대에 고안한 시부스트 크림을 조합하여 완성했다고 한다.

* 빵의 수호신. 660년경 프랑스 아미앵의 주교였으며, 미사를 집전할 때 신에게 빵을 받았다고 한다.

세계의 디저트 역사

시부스트 크림은 커스터드 크림에 젤라틴과 이탈리안 머랭을 더해 만든다. 이 크림을 주원료로 한 과자를 '시부스트'라고 하며 일반적으로는 파이나 타르트 반죽에 조린 사과를 섞어 크림 표면을 캐러멜화시킨 것을 말한다.

파이 반죽으로 만든 시트 위에 캐러멜글레이즈를 입힌 작은 슈를 링 모양으로 놓고 시부스트 크림을 짜준다. 작은 슈를 쌓고 크림을 짠 1인용 디저트로도 만든다.

052 / 사바랭

저명한 미식가에게 헌정된 디저트

시대 | 1845년

"당신이 무엇을 먹는지 말해 달라. 그러면 당신이 어떤 사람인지 말해주겠다"라고 말한 브리야 사바랭. 1826년 이 명언을 남긴 저명한 미식가가 죽었을 때 프랑스 요리사들은 애도했으며, 그와 관련된 요리를 너도나도 만들기 시작했다. 과거 시부스트의 가게에서 생토노레(P.126)를 고안했던 오귀스트 줄리앙 또한 그중 한 명이었다. 줄리앙 형제가 함께 파리 제일의 인기 제과점을 운영하던 1845년, 바바(P.116) 레시피를 바탕으로 모양을 바꾸고 크림을 넣은 사바랭Savarin을 내놓자 순식간에 인기 상품이 되었다. 바바를 변형했을 뿐이라고 말하지 말자. 그 미식가에게 헌정된 음식 중 지금까지도 뜨겁게 지지받고 있는 것은 줄리앙의 사바랭뿐이니까.

세계의 디저트 역사

브리야 사바랭(1755~1826)은 프랑스의 법학자이자 미식가이며 세계 가스트로노미(미식계)에 지대한 영향을 끼친 인물이다. 1825년 출판된 《브리야 사바랭의 미식 예찬》은 초대형 베스트셀러가 되었다. '프랑스 요리의 법전'이라고도 한다.

사바랭과 바바의 가장 큰 차이점은 모양과 크림의 유무다. 사바랭은 가운데가 움푹 들어간 왕관 모양이며 중앙에 크림을 채운다. 또한 반죽에는 건포도가 아닌 설탕에 절인 오렌지 필을 다져서 넣는다.

053 팔미에

하트 모양의 귀여운 과자

시대 | 1848년

하트 모양의 귀여운 과자 팔미에Palmier는 야자과 식물인 종려나무잎을 닮아 지어진 이름이다. 충격적인 것은 독일에서 부르는 호칭인 '돼지 귀Schweinsohren'! 독일에서는 돼지가 행운의 상징이므로 친근함을 담은 이름인 것 같다. 1870년 프로이센–프랑스 전쟁이 일어나자 프로이센에서는 적국인 프랑스의 과자를 '프로이센의 돼지 귀'라고 불렀다고도 전해진다. 팔미에의 출생 연도는 모호하다. 일설에는 1848년 혹은 1931년 파리에서 개최된 국제 식민지 박람회가 창작의 계기라고도 한다. 일본의 한 제과 회사는 유럽 시찰 때 만난 팔미에를 모티브로 1965년 '겐지 파이'를 출시했다. 당시 인지도가 낮았던 서양식 파이에 일본식 이름을 붙이면 소비자들에게 더욱 친근할 것 같아 대하드라마 〈미나모토 요시츠네〉에 나오는 가문 이름을 따서 네이밍했다고 한다.

세계의 디저트 역사

겐지 파이를 출시한 〈산리츠 제과〉는 2012년에는 파이 반죽에 건포도를 곁들인 '헤이케 파이'를 내놓았다. 같은 해에 방영된 NHK 대하드라마 〈타이라노 키요모리〉에 나오는 가문 이름을 따서 출시가 결정되었다. "헤이케 파이는 안 나오나요?"라는 소비자들의 요청에 응답한 것이다.

일명 '프랑스의 심장'이라고도 불리는 팔미에는 세계 각지에서 생산되며 이름도 사이즈도 다양하다. 남미에서는 '팔메리타'라고 부르며 크기는 사람의 얼굴만큼이나 크다.

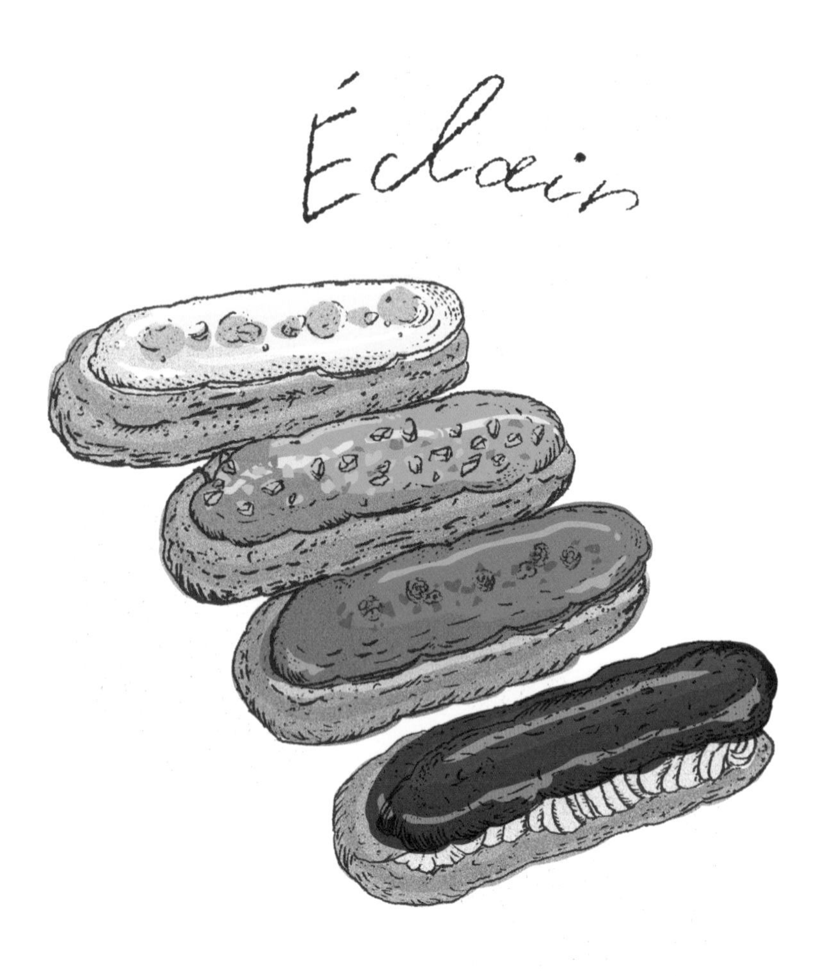

에끌레어는 가늘고 긴 슈 반죽에 크림을 넣고 표면에 퐁당*이나 초콜릿을 입힌 슈크림 빵이다. 크림의 풍미와 크기 등을 달리한 다양한 종류가 있다.

* 주로 장식용으로 쓰이는 당 시럽.

054 / 에끌레어

파리지앵이 가장 사랑하는 귀여운 슈크림 빵

시대 | 1850년

윤기가 자르르한 옷을 입은 에끌레어Éclair는 프랑스 리옹이 발상지다. 천재 파티시에 앙투안 카렘(P.105)이 만든 뒤셰스*라 불리던 빵이 원형이라고 알려져 있지만 고안자는 확실치 않다. 참고로 슈 반죽을 가늘고 길게 짜기 위한 짤주머니**는 카렘이 물뿌리개에 반죽을 넣고 천장에 매달아 흘려보낸 것이 계기가 되어 만들어졌다고 한다. 프랑스에서 국민적 인기를 끌고 있는 이 빵은 점잔 부릴 필요 없이 손으로 집어 먹는다. '번개', '천둥'을 뜻하는 이름 그대로 크림이 튀어나오지 않도록 순식간에 먹는 것이 요령이다.

* 반죽에 으깬 아몬드를 넣고 막대 모양으로 성형하여 오븐에서 구운 다음, 퐁당이나 캐러멜을 입힌 빵.

** 1847년 프랑스 파티시에 오브리오가 깍지 달린 짤주머니를 완성했다.

근대(18~19C)

세계의 디저트 역사

1760년 슈 반죽을 현재 형태로 완성시킨 것은 프랑스의 유명 제과점 〈바이이〉의 셰프 겸 파티시에였던 장 아비스. 당시 제과점에는 17세였던 카렘이 수련생으로 있었다. 스승과 제자가 에끌레어의 완성에 공헌한 것이다.

055 / 타르트 부르달루

부르달루 거리의 인기 타르트

시대 | 1850년

19세기 중반 파리에서 크게 유행한 디저트가 있다. 부르달루 거리의 제과점에서 판매되던 아몬드 크림에 서양배를 얹어 만든 타르트 부르달루Tarte Bourdaloue는 1850년 제과점 주인이었던 파스켈이 고안한 디저트다. 이름의 유래에는 재미있는 일화가 있다. 17세기 천주교 사제였던 루이 부르달루는 이름난 설교자였는데, 설교를 길게 하기로도 유명했다. 끝없이 이어지는 설교를 견디지 못하고 신자들이 미사 중에 빠져나갈 정도였다고 한다. '만약 당시 근처에 제과점이 있었다면 한숨 돌릴 수 있지 않았을까'라고 생각했던 파스켈이 타르트 부르달루를 고안했다는 것이다. 사제와 긴 설교에 대한 오마주를 담아 탄생한 타르트는 처음에는 으깬 마카롱으로 겉면에 십자가를 그려 굽기도 했다고 한다.

세계의 디저트 역사

서양배는 고대 그리스 시대부터 재배되었다. 일본에는 메이지 시대에 전해졌으나 재배 지식이 부족하여 야마가타현 등 일부 지역에만 보급되었다. 또한 처음에는 대부분 가공용으로 사용되다가 1970년대에 이르러 생식을 하기 시작했다.

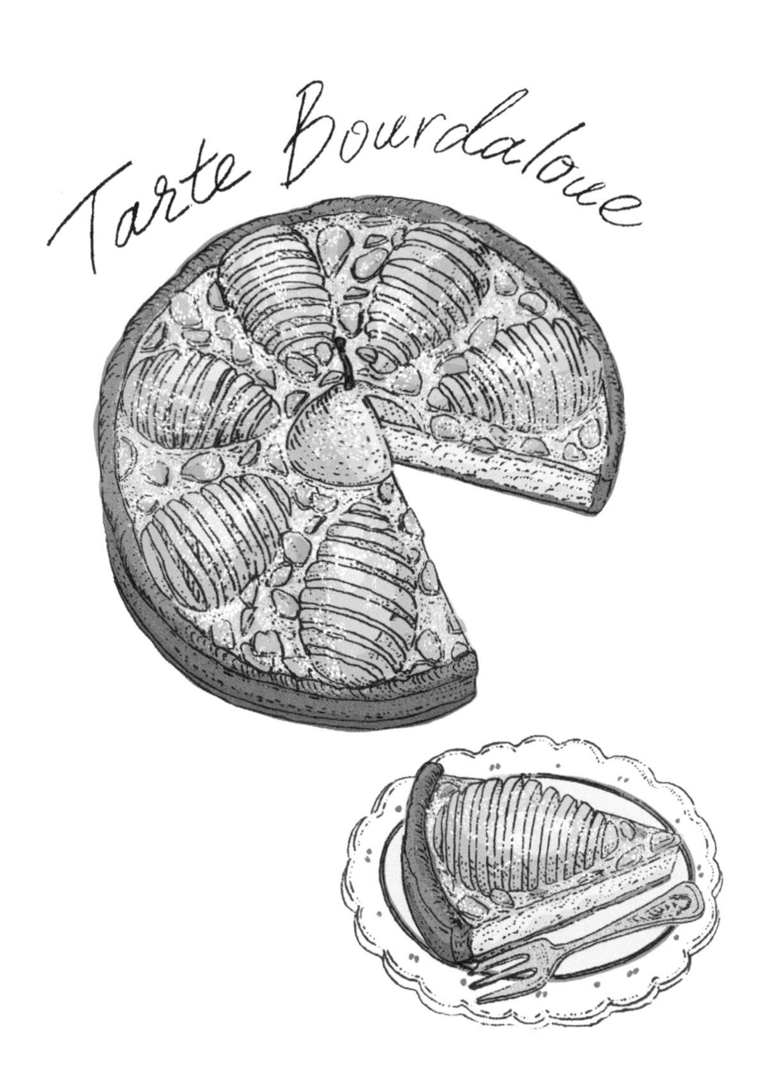

반죽에 아몬드 크림을 붓고 서양배를 얹어 구운 타르트 부르달루. 훗날 이 타르트에서 힌트를 얻어 아몬드 크림을 이용한 다양한 과일 타르트가 만들어졌다.

056 사블레
버터 향에 취하는 작은 구움과자

시대 | 1852년

바삭바삭 입 안에서 모래(프랑스어로 sable)처럼 사르르 풀어지는 사블레Sablé는 1852년 낙농업이 번성했던 프랑스 노르망디 지방의 리지외에서 탄생했다. 버터를 쉽게 구할 수 있는 환경은 이 과자의 탄생지로 제격이었다. 곧 노르망디 각지에서 만들어지기 시작한 사블레에 대해서는 프랑스 전역을 여행했던 파티시에 피에르 라캄의 저서에도 소개되고 있다. 한편 17~18세기에 유행한 상류사회 부인들의 응접실 모임인 살롱에서 탄생했다는 설도 있다. 앙리 4세의 왕비 마리 드 메디시스의 시녀였던 사블레 공작부인이 살롱에서 내놓은 작은 구움과자가 시작이라는 이야기도 있다. 어쨌든 우아한 수다쟁이들에게 딱 어울리는 향긋한 사블레는 버터를 듬뿍 넣어 완성하는 조금은 사치스러운 과자다.

세계의 디저트 역사

일본 가마쿠라 명과인 〈토시마야〉의 '하토 사브레'는 1897년경 초대 사장이 가게를 방문한 외국인에게 받은 과자가 계기가 되어 만들어졌다. 처음에는 잘 팔리지 않았지만 20세기 초, 한 소아과 의사가 '이유기 유아식으로 최적'이라고 추천하면서 널리 알려지게 되었다.

풍부한 향과 풍미의 사블레는 버터와 밀가루의 비율이 1:1로 쿠키보다 버터의 비율이 높은 것이 특징이다(쿠키는 1:2). 잼을 바르거나 샌드하는 등 다양한 변형도 즐길 수 있다.

057 / 릘리지외즈

수녀의 모습을 닮은 슈 디저트

시대 | 1851~1856년경

큰 슈 위에 작은 슈를 올리고 이음새는 버터크림으로 옷깃처럼 장식한다. 통통한 그 모습을 릘리지외즈(수녀)의 모습과 오버랩한 작명자의 센스를 칭찬하고 싶다. 과자 및 아이스크림 장인인 프라스카티가 파리에서 이 사랑스러운 디저트 릘리지외즈Religieuse를 고안한 것은 1851~1856년경으로 알려져 있다. 처음에는 진한 커스터드 크림으로 채워진 슈에 휘핑크림이 장식되어 있었지만 나중엔 버터크림으로 옷깃을 형상화하여 실루엣을 선명하게 만들었다. 당시 릘리지외즈가 얼마나 사랑을 받았는지에 대해서는 "릘리지외즈가 나온 지 50년이 지났는데도 여전히 인기가 있다"라고 적은 피에르 라캄의 저서에서도 확인할 수 있다. 세월이 흐른 지금, 이 작은 수녀들은 때로는 퐁당과 장식을 갈아입고 새로운 캐릭터로 변신해 가며 인기를 이어가고 있다.

세계의 디저트 역사

피에르 라캄이 1866~1871년까지 셰프 겸 파티시에를 지낸 프랑스의 전통 제과점 〈라뒤레〉에서는 벚꽃, 밤, 무희, 토끼 등 시기에 맞는 다양한 풍미와 모티브의 릘리지외즈가 만들어진다.

릴리지외즈의 슈에 채우는 크림과 퐁당은 풍미를 같은 계열로 맞춘다. 귀여운 1인용과는 달리 길쭉한 슈나 둥근 슈를 쌓아 만드는 대형 크기는 '그랜드 를리지외즈'라고 부른다.

058 스콘

신성한 돌에서 유래한 빵

시대 | 19세기 중반

맛있게 구워진 스콘Scone에는 '늑대의 입'이 있는데, 빵이 구워질 때 부풀어 오르면서 갈라지는 옆 부분을 가리킨다. 이 늑대의 입 부분에 손을 대고 옆으로 쪼개 먹는 것이 스콘을 먹는 매너. 칼로 자르거나 세로로 쪼개는 것은 주의하는 것이 좋다. 왜냐하면 스콘의 이름이 '운명의 돌The stone of Scone'이라 불리는 신성한 돌에서 유래했기 때문이다. 스코틀랜드에서 왕의 대관식에 의자 받침대로 사용되던 운명의 돌은 원래 고대 이집트 투탕카멘 왕의 왕좌 아래 있던 것이다. 이집트에서 스코틀랜드로 온 신성한 돌이 1296년 스코틀랜드 독립 전쟁으로 잉글랜드로 옮겨졌다가, 1996년 반환되어 현재는 스코틀랜드의 에든버러성에 있다는 장대한 일화가 있다. 영국에서 더없이 사랑받는 스콘이 현재의 형태로 완성된 것은 베이킹파우더와 오븐이 보급된 19세기 중반의 일이다.

세계의 디저트 역사

1950년 스코틀랜드 글래스고의 학생 네 명이 잉글랜드에서 '운명의 돌'을 훔쳐내는 사건이 일어났다. 이때 너무 무거워서 돌을 떨어뜨려 둘로 쪼개져 버렸다고 한다. 돌의 크기는 66×41×28cm 정도이며 무게는 152kg이다.

영국의 티룸 메뉴에서 '크림 티'는 스콘과 홍차 세트를 말한다. 곁들여지는 클로티드 크림의 유지방분은 60% 정도로 의외로 버터보다 저칼로리다.

애프터눈 티를 즐기는 방법

유래와 알아두어야 할 매너

● 유래

애프터눈 티Afternoon Tea는 1840년대에 영국 베드퍼드 공작부인 안나 마리아가 시작한 오후 다과회다. 당시 귀족들은 하루 두 끼를 먹었는데, 늦은 아침 식사를 한 후 저녁 8시부터 디너를 즐겼다고 한다. 그 사이의 배고픔을 달래기 위해 오후 4시경에 차와 함께 빵이나 디저트류를 하녀에게 준비시킨 것에서 시작해 어느덧 친구들을 초대하는 사교의 장이 되었다.

● 매너

1. 냅킨은 반으로 접어서 접힌 부분이 몸쪽으로 오도록 무릎 위에 올려놓는다. 자기 손수건을 쓰는 것은 금물. 유럽에서는 '손수건=청결'이라는 개념이 없기 때문이다.
2. 찻잔은 오른손으로 드는데, 손잡이를 꽉 쥐지 말고 손가락으로 집어서 든다.
3. 티 푸드는 자기 분량만큼만 접시에 덜어 왼손으로 먹는다. 먹을 때는 샌드위치 → 스콘 → 페이스트리(달콤한 과자) 순으로 먹는다. 역순으로 먹는 것은 NG. 스콘은 옆으로 쪼개서 잼과 크림을 발라 먹는다. 쪼개지 않고 그냥 먹거나 샌드위치처럼 만들어 먹는 것은 매너가 아니다.
4. 먹는 속도는 애프터눈 티를 함께 즐기는 사람들과 맞춘다.
5. 공식적인 자리에서는 티 푸드를 다 먹어서는 안 된다. 19세기 영국에서는 '손님이 다 먹을 수 없을 정도의 디저트를 준비하는 것'이 다과회의 약속이었기 때문이다.
6. 다 먹었으면 커트러리는 접시 위에 6시 위치(프랑스식은 3시 위치)로 놓는다. 냅킨은 가볍게 접어 테이블 위에 올려놓는다.

오이샌드위치

영국 애프터눈 티에는 오이샌드위치가 빠지지 않는다. 오이는 여름의 귀중한 수확물로 고가였기 때문에 오이로 만든 샌드위치는 최고의 대접으로 여겼다.

059 / 바치 디 다마

초콜릿을 끼워 넣은 '귀부인의 키스'

시대 | 19세기 중반

이탈리아 피에몬테주의 토르토나 지역에서 만들어진 바치 디 다마Baci di Dama. 쿠키를 맞댄 모습이 동글동글 귀엽고 마치 입맞춤하는 것 같다 해서 붙은 이름으로 '귀부인의 키스'라는 뜻이다. 이름 또한 사랑받는 이 쿠키는 재능이 넘친다. 고안자에 대해서는 여러 설이 있으며, 1890년 자노티 형제에 의해 완성되었다고 전해진다. 여기에 문제가 하나 있었다. 형제들은 각기 다른 제과점에서 일하고 있었기 때문에 어느 가게가 원조인지를 두고 싸움이 벌어지게 된 것이다. 그러다 한쪽 가게가 코코아 맛 반죽으로 만든 새로운 쿠키를 창작함으로써 이 문제는 무사히 해결됐다. 시간이 흐르면서 바치 디 다마는 이탈리아 전역에서 만들어지는 친숙한 쿠키가 되었다.

세계의 디저트 역사

바치 디 다마의 고안자는 사보이아 가문(P.45)의 요리사라는 설도 있다. 또 이 쿠키를 좋아한 훗날 이탈리아 왕국의 초대 국왕 비토리오 에마누엘레 2세(1820~1878)에 의해 유럽 전역으로 알려지게 되었다고도 한다.

작은 반원구 모양의 비스코티 사이에 초콜릿을 샌드한 쿠키. 헤이즐넛 외에 아몬드를 사용한 것, 초콜릿 대신 살구잼을 샌드한 것 등 종류가 매우 다양하다.

060 / 모카 케이크

이름의 유래는 아라비아의 항구 도시

시대 | 1857년

향수를 불러일으키는 감미로운 버터크림. 더군다나 커피색이라니, 이 케이크를 보면 누구나 향수에 젖을 것 같다. 버터크림을 고안한 것은 프랑스의 파티시에였던 키에, 그리고 키에의 가게를 물려받은 기냐르가 1857년에 고안한 것이 모카 케이크Moka Cake다. 케이크를 커피 맛 버터크림으로 덮고 옆면에는 다진 아몬드를 묻힌다. 깍지 달린 짤주머니로 아름답게 크림을 짜서 얹은 후에 리큐어에 담근 커피콩으로 장식하면 완성. 모카 케이크는 명절에 특히 인기였다고 한다. 오늘날 우리에게 당연하게 입력되는 '모카=커피 맛'이라는 등식은 전 세계로 커피가 출하되던 아라비아의 도시 모카에서 유래했다.

세계의 디저트 역사

모카는 아라비아반도 남부에 위치한 예멘 공화국의 항구 도시다. 중세 이래로 전 세계에 모카커피를 보급했으며, 1614년에는 네덜란드가 인도양 무역의 거점으로 삼는 등 항구로서 번창했지만 19세기에 쇠퇴하여 현재 원두 수출은 이루어지지 않고 있다.

커피 맛 버터크림과 스펀지케이크로 만든 모카 케이크. 이 케이크와 비슷한 시기에 태어난 커피 맛 과자가 있는데, 커피 무스를 샌드한 다쿠아즈(P.178)다.

061 / 퀸아망
브르타뉴산 가염버터를 듬뿍

시대 | 1860년

과거에 버터가 부의 상징으로 여겨졌던 프랑스 브르타뉴 지방. 버터케이크를 뜻하는 퀸아망Kouign-Amann은 남성이 여성에게 청혼할 때 선물했다고도 한다. 이 케이크는 1860년 어느 날 브르타뉴의 두아르느네에서 시작됐다. 이곳에서 빵집을 운영하던 스코르디아는 너무 바빠서 골머리를 앓았다. 이날도 손님이 많아 일찌감치 제품이 다 팔렸다. 어쩔 수 없이 즉흥적으로 빵 반죽에 버터와 설탕을 듬뿍 섞어 구웠는데 생각보다 완성품이 훌륭했다. 그리고 어느새 '퀸아망'이라고 불리며 판매 상품으로 정착했다고 한다. 제품 진열대가 비어서 식은땀을 흘렸을 스코르디아의 과감한 레시피와 지역 특산물인 가염버터가 어우러져 훌륭한 디저트가 탄생한 것이다.

세계의 디저트 역사

프랑스의 버터는 무염이 주류를 이룬다. 그러나 소금 산지이기도 한 브르타뉴 지방에서는 중세 때부터 버터가 만들어졌는데 소비량의 90%가 가염이다. 가염버터는 뵈르 쌀레(염분이 3% 이상)와 뵈르 드미쎌(염분이 0.5~3%)로 구분된다.

062 카트르 카르

심플함이 기본인 버터케이크

시대 | 1860년경

프랑스어 특유의 톡톡 튀는 울림 때문일까? 화려한 디저트일 거라고 상상하게 되는 카트르 카르Quatre-Quarts는 사실 아주 심플한 버터케이크다. 19세기 중반부터 알려지기 시작했다는 카트르 카르는 '4분의 4'라는 의미다. 주재료인 버터, 설탕, 달걀, 밀가루를 1/4씩 섞어서 만드는, 이른바 파운드케이크다. 1893년 《신 라루스 백과사전》에서 가정용 케이크로 간단한 레시피가 소개된 이 케이크는 토패(Tôt-Fait = 금방 만든다)라고도 불린다. 기본형에는 변형이 필수라고 생각하면 오산이다. 말린 과일을 섞거나 크림으로 장식하지 않는 것이 진정한 카트르 카르다.

세계의 디저트 역사

파운드케이크는 영국에서 처음 만들어졌을 때 버터, 설탕, 달걀, 밀가루를 1파운드씩 섞어서 만든 것이 이름의 유래가 되었다. 말린 과일을 넣으면 '과일 케이크', 반죽을 둘로 나누어 한쪽에 코코아파우더를 넣으면 '마블 케이크'가 된다.

063 빅토리아 샌드위치 케이크

경애하는 영국 여왕을 위한 케이크

시대 | 1861년

슬픔에 빠진 여왕의 마음을 치유하고 부활로 이끈 것이 빅토리아 샌드위치 케이크Victoria Sandwich Cake다. 이 케이크의 이름은 영국 국민들이 존경하는 빅토리아 여왕의 이름에서 따온 것이다. 영국의 전성기였던 1837년부터 64년에 걸친 긴 통치 기간 동안 사랑하는 남편 앨버트 공과의 사이에서 아홉 명의 자녀를 낳아 화목한 가정의 이상적인 모습으로 지지받았던 여왕 일가. 그러나 1861년 앨버트 공이 갑작스럽게 세상을 떠나자 여왕은 슬픔에 잠겨 공무를 떠나 과거 부부가 좋아했던 별장인 와이트섬의 오즈번 하우스에서 칩거하고 말았다. 그곳에서 여왕을 위로하기 위해 만들어진 것이 바로 이 케이크다. 마침내 깊은 슬픔에서 벗어난 1897년, 즉위 60주년을 축하하는 파티에서는 빅토리아 샌드위치 케이크가 제공되었다고 한다.

세계의 디저트 역사

빅토리아 여왕(1819~1901)은 1870년대에 들어서면서 공무에 복귀하지만, 1887년 즉위 50주년 기념식 때도 검은 옷을 입고 여전히 슬픔에 잠겨 있었다. 오즈번 하우스의 티 하우스에서는 지금도 빅토리아 샌드위치 케이크를 먹을 수 있다.

Victoria sandwich cake

밀가루, 버터, 설탕, 달걀은 같은 양으로 배합한다. 묵직한 스펀지케이크 사이에 라즈베리 잼을 샌드한 심플한 케이크지만 영국의 티룸에서는 빼놓을 수 없는 디저트다.

064 밀푀유

'천 개의 나뭇잎'이라는 시적인 이름

시대 | 1867년

미식가이자 요리 평론지 《미식가 연감》을 펴낸 그리모 드 라 레이니에르(1758~1838)가 "천재에 의해 만들어졌으며, 가장 능숙한 손으로 반죽된 것임에 틀림없다"라고 평한 밀푀유Mille-Feuille. 여러 겹의 얇은 반죽으로 만들어진 밀푀유와의 만남은 그에게 매우 감동적이었던 것 같다. 그 창작의 기원은 1800년경 루제라는 파티시에가 자신 있게 만든 디저트였다고 하는데, 당시에는 큰 인기를 끌지 못했다. 그 이후 1867년 파리의 파티시에였던 아돌프 쇠뇨가 현재의 형태로 완성했으며, 하루에 수백 개가 팔릴 정도로 인기 있는 걸작품이었다고 한다. 참고로 밀푀유는 '천 개의 나뭇잎'이라는 뜻이며, 여러 겹의 얇은 층을 이룬 페이스트리의 특성을 시적으로 잘 표현한 이름이다.

세계의 디저트 역사

일본 긴자에 있었던 〈막심 드 파리〉(현재는 폐점)의 초대 프랑스인 셰프가 고안하고 이름 지은 '나폴레옹 파이'는 딸기를 사이에 끼운 밀푀유다. 나폴레옹 황제의 모자를 닮은 모양에서 이름이 유래됐고, '과자 중 황제'라는 뜻도 있다.

전통적인 밀푀유는 세 장의 페이스트리에 커스터드 크림을 샌드한 것. 마무리로 슈가파우더를 뿌리거나 두 가지 색의 퐁당을 이용해 장식한다.

065 토르타 파라디소
마리아 칼라스가 사랑한 천국의 맛

시대 | 1878년

"천국Paradiso 같은 맛이다." 한 공작이 시식 후 내뱉은 감탄은 그대로 이 케이크의 영광스러운 이름이 되었다. 토르타 파라디소Torta Paradiso는 이탈리아 롬바르디아주 파비아의 명과다. 1878년 파티시에였던 엔리코 비고니가 고안했는데, 일설에는 수도원 케이크를 바탕으로 만들어졌다는 이야기도 있다. 어느 날 약초를 캐러 나간 수도사가 한 여인을 만나 케이크 만드는 법을 배웠다. 수도원으로 돌아와 케이크를 만들어 먹어 보니 마치 천사 같았던 그 여인을 떠올리게 하는 맛이었다고 한다. 그 풋풋한 연정을 심플하게, 그러나 한 번 먹으면 잊을 수 없는 레시피로 완성한 것이 바로 엔리코 비고니였다. 단순하기 때문에 시대에 휩쓸리지 않은 채 제과점 〈엔리코 비고니〉는 지금도 파비아 대학 앞에서 영업 중이다.

세계의 디저트 역사

마리아 칼라스(1923~1977)는 20세기 최고의 소프라노 가수로 손꼽힌다. 롬바르디아주 가루다 호숫가 별장에서 휴가를 보낸 칼라스는 '나의 케이크'라고 부를 정도로 토르타 파라디소를 좋아했다.

같은 분량의 밀가루와 녹말가루를 사용하면 입안에서 사르르 무너지는 듯한 가벼운 식감으로 완성된다. 레몬 껍질을 갈아 듬뿍 넣는 것도 토르타 파라디소의 특징이다.

066 배턴버그 케이크
빅토리아 시대의 체크무늬 케이크

시대 | 1884년

분홍색과 노란색 스펀지케이크를 잼으로 붙이고 둘레를 마지팬으로 감싸서 만드는 손이 많이 가는 케이크다. 소박한 케이크가 많은 영국에서 유난히 화려해 보이는 배턴버그 케이크Battenberg Cake는 빅토리아 시대에 탄생했다. 1884년 빅토리아 여왕의 손녀와 독일 베턴버그 가문의 루이스 왕자의 결혼 피로연을 위해 준비한 것이다. 궁중 요리사가 왕자에게 경의를 표하기 위해 마지팬을 이용해 독일식으로 마무리했다고 한다. 한편 이 케이크는 나폴리탄 롤, 도미노 케이크 등으로 불리기도 하고 당시에는 4개가 아니라 9개의 조합으로 만들었다는 등 그 정체에 대해서는 의문점이 많다. 왕실 결혼식과 연계시킬 근거가 없다는 부정적인 의견도 있다. 그러나 어느 시대나 디저트를 둘러싼 이야기에는 가상의 내용이 섞여 있기 마련이다.

세계의 디저트 역사

마지팬은 설탕과 아몬드 가루로 만든 페이스트를 말하며, 독일어로 마르치판이라고 한다. 17세기, 30년 전쟁으로 독일의 뤼벡이 식량난에 빠졌을 때 창고에 있던 대량의 설탕과 아몬드로 빵을 만들어 굶주림을 견뎠다고 전해진다.

애프터눈 티의 디저트로도 제격인 알록달록한 케이크. 그 모양 때문에 교회 창문 케이크Church Window Cake, 바둑판 케이크Checker Board Cake라고도 불린다.

067 바슈랭

머랭의 활약이 빛나는 아이스크림 케이크

시대 | 1887년

구운 머랭(P.109)으로 예쁜 그릇을 만들고 그 안에 차가운 아이스크림을 담는다. 바슈랭Vacherin의 돋보이는 존재감은 머랭의 활약 덕분이라고 해도 과언이 아니다. 등장과 동시에 테이블을 화려하게 장식하는 이 케이크는 1887년 프랑스 파리에서 가장 호화로운 디너를 만든다는 평을 듣던 출장 요리사 귀스타브 가를랭이 고안한 것이다. 그는 오랜 세월에 걸쳐 많은 레시피를 발표한 요리사로도 유명하다. 바슈랭은 매우 부드럽고 섬세한 치즈인 바슈랭 몽도르*에서 영감을 얻어 창작한 것으로 알려져 있다.

* 스위스에서 9월부터 다음 해 3월까지 한시적으로 생산되는 치즈. 옆면을 나무껍질로 감아서 숙성시킨 후, 둥근 나무 상자에 담아 출하한다.

세계의 디저트 역사

프랑스에 빙과(P.192)를 처음 들여온 것은 카트린 드 메디시스(P.102). 1533년 결혼식에서 노르웨이의 피오르에서 가져온 얼음에 레몬과 오렌지, 아몬드 등을 더해 만든 셔벗이 제공돼 참석자들을 놀라게 했다고 한다.

구운 머랭을 왕관 모양으로 두른 다음, 그 안에 아이스크림을 채우고 휘핑 크림 등으로 장식한다.

068 휘낭시에 & 비지탕딘

금융맨들에게 인기 높은 '금괴'의 맛

시대 | 1888년

파리 증권 거래소 근처에 가게를 차린 라슨은 열성적인 파티시에였다. 금융가에서 일하는 바쁜 고객들이 좋아할 만한, 슈트를 더럽히지 않고도 재빨리 먹을 수 있는 디저트는 없을까 고민하던 라슨에게 1888년 번쩍이는 아이디어가 떠올랐다. '재물 운을 가져다주는 금괴를 형상화한 구움과자라면 누구나 좋아할 거야!' 휘낭시에Financier는 바로 '금융가', '부자'라는 뜻이다. 예상은 적중했고 금융맨들은 일하는 틈틈이 찾아와 부담 없이 가볍게 고소한 금괴를 집어먹었다. 마들렌(P.113)의 형태만 바꾼 것이 아닐까 하는 소박한 의문은 당연하지만 둘의 차이는 명백하다. 휘낭시에는 아몬드 파우더를 사용하고, 마들렌처럼 전란이 아닌 흰자만을 넣으며, 녹인 버터가 아니라 갈색이 될 때까지 태운 버터를 사용한다.

세계의 디저트 역사

휘낭시에와 비슷한 제조법으로 만드는 비지탕딘Visitandine은 1610년 설립된 프랑스 로렌 지방의 성모마리아 방문 수녀회에서 만들기 시작한 구움과자다. 달걀흰자를 이용해 꽃처럼 생긴 사랑스러운 모양으로 굽는 이 디저트는 20세기 낭시에서 크게 유행했다.

갈색으로 태운 버터와 아몬드파우더의 풍미가 풍부한 구움과자. 하나둘 집어먹기 좋은 것도 휘낭시에의 장점이다.

069 파리 브레스트

바퀴 모양을 본떠 만든 크림빵

시대 | 1891년

프랑스 브르타뉴의 도시 브레스트와 파리를 왕복하는 자전거 경주인 '파리-브레스트-파리PBP'. 총 1,200km에 달하는 레이스에 참가하는 선수들을 위해 파티시에 루이 뒤랑은 고칼로리 크림을 넣은 빵을 만들었다. 가게 앞을 질주하는 자전거가 떠올라 기분이 좋아지길 바라는 마음을 담아 바퀴를 모티브로 하고, 이름은 직설적으로 파리 브레스트Paris-Brest라고 지었다. 창작은 1891년 레이스가 시작된 첫 해, 또는 1910년 주최 측의 저널리스트 피에르 기파드의 의뢰로 이루어졌다고 한다. 상위권 선수는 40시간 이상 잠을 자지 않고 달리는 이 레이스는 지금도 그 역사를 이어오고 있으며, 선수들에게 에너지를 공급하기 위해 뒤랑의 가게도 현존한다.

세계의 디저트 역사

파리 브레스트와 동시대에 탄생한 살람보는 캐러멜로 코팅한 타원형의 크림빵이다. 플로베르의 소설을 바탕으로 작곡가 에르네스트 레예르가 창작한 오페라 〈살람보〉의 이름을 따서 만들어졌다.

Paris-Brest

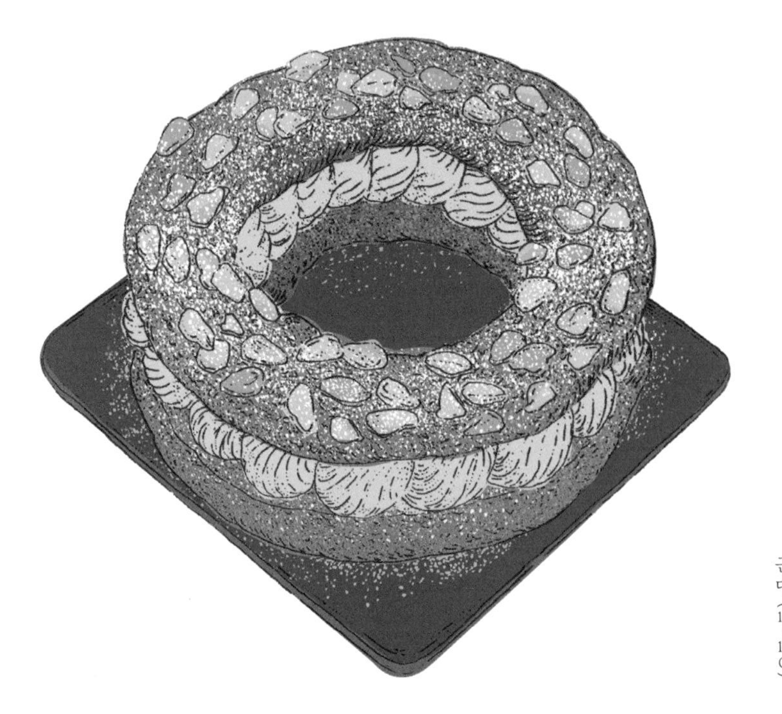

링 모양으로 짠 슈 반죽을 슬라이스 아몬드로 장식해서 굽는다. 구워진 빵을 반으로 자르고 빵 사이에 아몬드 페이스트를 넣은 버터크림을 샌드한다. 마무리로 슈가파우더를 뿌린다.

070 페슈 멜바

재현하기 어려운 거장의 걸작품

시대 | 1894년

'요리사의 왕'이라 불리던 오귀스트 에스코피에(P.166). 그는 1894년 어느 날 호주의 유명한 가수 넬리 멜바의 초청으로 오페라 〈로엔그린〉을 감상하게 되는데, 그 감동을 화려한 디저트에 담아 그녀에게 바쳤다. 당시 세계에서 가장 호화롭기로 소문난 런던 사보이 호텔에서 있었던 일이다. 극 중에 등장하는 백조를 얼음 조각으로 재현하고, 설탕 공예로 만든 얇은 베일을 전체적으로 씌웠다. 백조 날개 사이에 올린 은그릇에는 바닐라 아이스크림을 채우고 시럽에 익힌 복숭아를 얹었다. 아름다운 디저트 페슈 멜바Pêche Melba. 그러나 재현하기 어렵고 가짜 페슈 멜바가 등장하자 에스코피에는 분통을 터뜨리면서 신문에 이렇게 견해를 밝혔다. "내 레시피는 딱 알맞게 익은 부드러운 복숭아, 질 좋은 바닐라 아이스크림, 설탕을 첨가한 라즈베리 퓌레만으로 이루어져 있다. 그것 이외는 복숭아의 섬세함을 해치는 법이다."

세계의 디저트 역사

1899년에 런던 칼튼호텔이 개업했다. 사보이 호텔에서 이곳으로 자리를 옮긴 요리장 에스코피에는 얼음 조각을 생략한 페슈 멜바를 레스토랑 메뉴로는 처음으로 손님들에게 제공했다.

현재의 페슈 멜바는 복숭아 병조림과 바닐라 아이스크림, 라즈베리 잼을 그릇에 보기 좋게 담은 것으로, 에스코피에의 호화로운 디저트와는 조금 다른 모습으로 남아 있다.

071 / 크레페 수제트
영국 황태자가 이름 지어준 불꽃 디저트

시대 | 1896년

영국 왕 에드워드 7세가 황태자 시절 한 여인과 몬테카를로에 있는 〈카페 드 파리〉에서 저녁 식사를 하고 있었다. 새로운 디저트 메뉴를 달라는 요청에 요리사 앙리 샤르팡티에가 오렌지 리큐어를 뿌린 크레페를 내놓았는데, 하필 알코올에 불이 붙으면서 불꽃이 타오르고 말았다. 그러나 이를 본 황태자는 매우 즐거워하며 디저트를 만끽했다. 앙리가 '크레페 프린스'라고 이름 지을 예정이었던 이 디저트는 황태자의 제안으로 함께 있던 여인의 이름을 따서 크레페 수제트Crêpe Suzette라고 명명됐다. 이 디저트의 유래에 대해서는 그 밖에도 여러 가지 설이 있지만, 아름다운 여성의 이름을 붙인 디저트라는 것은 틀림없다.

세계의 디저트 역사

앙리 샤르팡티에의 스승은 오귀스트 에스코피에(1846~1935). 에스코피에는 '요리사의 왕이자 왕의 요리사'로 불리는 위대한 요리사다.

구워서 4단으로 접은 크레페에 오렌지 주스를 넣고 조린 다음, 오렌지 계열의 리큐어나 브랜디를 뿌려 플람베*한 따뜻한 디저트. 맛뿐만 아니라 눈앞에서 펼쳐지는 불꽃 퍼포먼스도 볼거리다.

* 리큐어를 사용해 음식을 내놓기 전에 불을 붙여 요리하는 방식.

072

브라우니

커피와 잘 어울리는 진한 케이크

시대 | 1890년대

영국에 전해지는 요정 브라우니는 가족들이 잠든 한밤중에 집안일을 해주는 갈색 털로 뒤덮인 정령이다. 이 요정이 구운 과자라서 브라우니Brownie라는 이름을 붙였다는 설이 있다. 한편 1893년 시카고 박람회에서 고안되었다는 설도 있다. 팔머 하우스 호텔(현 힐튼그룹 호텔) 창업자의 아내이자 박람회 의장이었던 베르타 팔머 여사가 '운반이 쉽고 많은 사람들이 맛볼 수 있는 디저트를 만들어 달라'라고 요리사 조셉 셀에게 제안했다. 그렇게 탄생한 것이 브라우니였다는 이야기. 그렇다면 탄생지는 영국일까, 미국일까? 여러 설이 있지만 1896년 미국 보스턴에 있는 요리 학교의 교과서에 처음으로 브라우니라는 이름이 등장했고, 20세기에 이르러 현재의 풍부한 맛으로 완성되었다.

세계의 디저트 역사

미국 최대 카탈로그 통신판매 회사였던 〈시어스 로벅〉은 1897년판 카탈로그에 처음으로 브라우니를 게재했다.

073 타르트 타탱

거꾸로 뒤집어 완성하는 애플 타르트

시대 | 19세기 후반

타르트 타탱Tarte Tatin이 태어난 무대는 1890년경의 프랑스 라모트-뵈브롱이라는 시골 마을이다. 타탱 자매가 운영하는 〈호텔 타탱〉은 사냥철 손님들로 붐볐고, 너무나 바쁜 나머지 언니 스테파니는 틀에 반죽을 까는 것을 잊은 채 사과 타르트를 굽기 시작했다. 깜짝 놀란 동생 카롤린이 사과 위에 반죽을 부어 구운 후 뒤집어서 손님에게 제공했다. 순서는 분명히 실패였지만 상황은 완전히 바뀌어 이것이 호텔의 간판 요리가 되었다. 1926년 미식 평론가 퀴르농스키가 '타탱 자매의 타르트Tarte des Demoiselles Tatin'를 소개하자 일약 각광을 받았고, 시골 마을의 타르트는 마침내 파리의 고급 레스토랑 〈막심〉의 메뉴에까지 올랐다. 한편 〈호텔 타탱〉은 지금도 영업을 계속하고 있으며 타탱 자매가 사용하던 오븐도 남아 있다고 한다.

세계의 디저트 역사

퀴르농스키(1872~1956)의 본명은 모리스 에드몽 사이앙. 그는 '미식가들의 왕'으로 불린 20세기 초를 대표하는 미식 평론가다. 1921년부터 7년간에 걸쳐 《미식의 나라 프랑스》를 집필했고, 여기에 프랑스 각지의 음식과 레스토랑을 소개했다.

Île flottante / Œuf à la neige

머랭을 커스터드 소스에 띄워서 먹는 디저트. 마무리로 캐러멜 소스를 뿌리고 취향에 따라 과일이나 견과류를 곁들인다.

074 일 플로탕트

커스터드 바다에 떠 있는 머랭 섬

시대 | 19세기 후반

노른자색의 부드러운 커스터드 소스에 두둥실 떠 있는 새하얀 머랭. 마치 그림같이 멋진 일 플로탕트Île Flottante는 '떠 있는 섬'을 뜻한다. 폭신폭신하고 가벼운 디저트라서 요리를 충분히 즐긴 후 후식으로도 손색이 없다. 이 디저트는 19세기 후반에 오귀스트 에스코피에(P.166)가 고안했는데, 당시에는 더 호화로운 음식이었다고 한다. 별명인 외 아라네주Œuf à la Neige는 '눈 속의 알'이라는 뉘앙스로 일 플로탕트보다 더 오래전부터 알려져 있었으며, 1651년 라 바렌의 저서 《프랑스 요리사》에 레시피가 실려 있다. 현재는 두 가지 이름 모두로 불리며, 일본에서는 2020년 전자레인지를 이용해 간편하게 만들 수 있는 일 플로탕트가 작은 열풍을 일으켰다.

세계의 디저트 역사

라 바렌(1618~1678)의 본명은 프랑수와 피에르 드 라 바렌. 17세기의 요리사로 태양왕 루이 14세의 궁정에서 활약했으며, 1651년 《프랑스 요리사》, 1655년 《프랑스 제과사》를 저술했다.

롤케이크로 장작을, 크림으로 나뭇결을 표현했다. 버섯은 번식력이 뛰어나 생명의 탄생과 번영의 상징으로 여겨지므로 데커레이션의 모티브로 빼놓을 수 없다.

075 뷔슈 드 노엘

미사를 기다리며 먹는 장작 모양의 케이크

시대 | 19세기 후반

프랑스에서 크리스마스이브에 먹는 케이크 뷔슈 드 노엘Bûche de Noël을 대중적으로 먹을 수 있게 된 것은 19세기 후반부터다. 크림으로 재현한 나무껍질에 초콜릿 담쟁이덩굴, 설탕으로 만든 버섯과 산타클로스… 이런 동화 같은 세계의 창조자를 찾아보면 후보자가 제법 많다. 1898년 저서에 레시피와 삽화를 실은 피에르 라캄의 작품이라는 것이 정설이지만, 그보다 더 앞서 파리의 파티시에였던 앙투안 샤라보가 최초라는 설도 있다. 그런데 왜 크리스마스에 '장작' 케이크일까? 여기에도 여러 가지 설이 있지만, 옛날에는 크리스마스에 가족끼리 저녁을 먹은 후 각자가 장작을 들고 불 주위에 모여 한밤중에 시작하는 미사를 기다리는 것이 전통이었다고 한다. 시대가 흘러 가정에서 벽난로는 사라졌지만, 대신 장작 모양의 케이크가 식탁 위에 등장한 것이다.

세계의 디저트 역사

뷔슈 드 노엘의 다른 유래로 1834년 파리의 제과점 〈라 비에이 프랑스〉의 파티시에가 초콜릿 버터크림을 이용해 나무껍질을 닮은 디저트를 만들었다고 하며, 1860년경 리옹에서 창작되었다는 설도 있다.

076 아메리칸 머핀
뉴욕으로 온 잉글리시 머핀의 변신

시대 | 19세기 후반~20세기

머핀에는 두 가지 종류가 있다. 이스트로 발효시켜 만드는 빵 타입의 잉글리시 머핀English Muffin과 베이킹파우더로 부풀리는 컵케이크 타입의 아메리칸 머핀American Muffin. 전자는 영국에서 18세기경부터 사랑받았으며, 빅토리아 시대에는 머핀을 담은 쟁반을 머리에 얹고 다니며 판매하는 '머핀 맨'이 활약할 정도로 인기였다고 한다. 1880년 영국계 이민자였던 사무엘 베스 토마스가 뉴욕에서 빵집을 개업했다. 그리고 이곳에서 잉글리시 머핀의 변신이 시작된다. 행운이었던 것은 이 시기에 반죽을 쉽게 부풀릴 수 있는 팽창제 베이킹파우더의 개발이 진행되고 있었다는 것. 퀵 브레드Quick Bread라고도 불리는 간편한 간식인 아메리칸 머핀이 탄생하자 그 인기는 본고장을 가볍게 넘어섰다.

세계의 디저트 역사

머핀이 간단하게 식사를 대신할 수 있는 용도라면, 그보다 부담 없는 디저트용으로 형형색색의 장식을 하는 것이 컵케이크다. 컵케이크는 홈 파티의 단골 디저트. 1996년 뉴욕에서 문을 연 〈매그놀리아 베이커리〉는 90년대 컵케이크 열풍의 시발점이 되었다.

'머핀'이라는 이름의 유래는 토시 모양으로 만들어서 양쪽으로 손을 넣게 되어 있는 방한용품 머프Muff 에서 시작됐다. 여성들이 갓 구운 잉글리시 머핀으로 손을 따뜻하게 녹인 것에서 유래했다고 한다.

077 / 썬데

일요일의 은밀한 사치

시대 | 19세기 말

미국에는 일요일에 크림소다를 금지한 지역이 있었다. 기독교에서 일요일은 안식일이라고 생각하여 일을 쉬고 예배를 드리는 거룩한 날이다. 그런 중요한 날에 사치를 부리는 것은 좋지 않다는 뜻이었다. 1881년 위스콘신주 투리버스 지역에 있는 아이스크림 가게 주인 에드 버너스는 일요일에 크림소다를 팔지 못하게 되자 대신 아이스크림에 초콜릿 소스를 뿌려 팔기 시작했다. 아무래도 'Sunday'라는 이름은 교회가 싫어할 수 있으므로 한 글자를 달리한 'Sundae'로 이름을 정했고, 이렇게 썬데는 탄생했다. 활자로서의 가장 오래된 기록은 1892년 뉴욕주의 체리 썬데 광고다. 20세기에 들어서면서 금주법으로 썬데는 점점 더 유행했다(P.193).

세계의 디저트 역사

일본에서 1885년 창업한 과일 전문점 〈신주쿠 타카노〉는 1926년에 디저트 카페 〈타카노 후르츠파라〉를 개점했다. 당시 메뉴로는 프루트펀치, 프루트 미츠마메, 삼색 썬데가 있었다.

아이스크림에 초콜릿이나 시럽을 뿌리고 과일이나 생크림 등을 곁들인다. 비교적 평평한 용기에 보기 좋게 담는 경우가 많다.

078 / 다쿠아즈

프랑스에서 유래한 모나카 스타일의 양과자

시대 | 19세기 말

다쿠아즈Dacquoise의 기원은 프랑스 남서부의 도시 닥스에 있다. 19세기 말에 존재했던 '앙리 4세'라는 스펀지케이크 스타일에서 시작해 이후 반죽을 개량해서 탄생한 것이 다쿠아즈다. 닥스에서는 소용돌이 모양으로 반죽을 짜서 구운 다음 버터크림을 샌드한 대형 과자로 만든다. 오늘날의 작은 크기의 다쿠아즈는 일본에서 만들어졌다. 후쿠오카의 제과점 〈프랑스 과자 16구〉의 오너 셰프였던 미시마 다카오가 1979년에 고안한 것이다. 일본의 모나카와 같이 겉은 바삭하고 속은 폭신한 양과자를 구상한 끝에 완성되었다. 프랑스의 전통 과자를 재해석한 이 작은 구움과자가 지금은 양과자의 스테디셀러가 되었다.

세계의 디저트 역사

프랑스 남서부에 위치한 도시 '포'에는 다쿠아즈와 같은 모양의 팔루아즈라는 과자가 있다. 포는 부르봉 왕조의 시조인 앙리 4세(1553~1610)의 탄생지로 그 궁전은 지금도 남아 있으며 박물관으로 쓰인다.

Dacquoise

다쿠아즈 시트는 홀 케이크를 만들 때 토대로 사용되는 경우가 많다. 다쿠아즈는 일본에서는 작은 타원형, 프랑스에서는 지름 20cm 정도 되는 원형으로 만든다.

079 / 크리스마스 푸딩

크리스마스 한 달 전에 만드는 영국의 전통 푸딩

시대 | 19세기 완성

영국에서 말하는 푸딩(P.62)이란 달콤한 디저트에 그치지 않는다. 크리스마스 푸딩Christmas Pudding 또한 원래 중세 시대부터 크리스마스에 먹던 죽 형태의 음식이었다. 민스파이(P.77)와 함께 청교도 혁명을 극복하고 19세기에 이르러서야 현재의 고형 상태에 이르렀다. 큰 전환점이 된 것은 빅토리아 여왕에 의해 왕실 디저트로 채택된 것, 그리고 대문호 찰스 디킨스의 소설에 등장한 것이다. 오랜 세월을 거쳐 국민적 크리스마스 디저트로 자리 잡은 크리스마스 푸딩을 온 가족이 모여 만드는 날*도 있다. 그야말로 특별 대우를 받고 있는 디저트인 것이다.

* 스터 업 선데이Stir-up Sunday(11월 후반 일요일)라고 하며, 온 가족이 함께 크리스마스에 먹을 푸딩을 만드는 날이다. 크리스마스 푸딩은 한 달 정도의 숙성 기간이 필요하다. 각자 마음속으로 소원을 빌면서 해가 뜨는 동쪽에서 서쪽 방향으로 재료를 섞는다.

세계의 디저트 역사

찰스 디킨스의 《크리스마스 캐럴》(1843년)은 영국에서 가장 유명한 크리스마스 이야기다. 이기적인 노인 스크루지가 크리스마스 전날 밤에 인간다운 마음을 되찾게 되는 스토리 속에 크리스마스 푸딩이 등장한다.

Christmas Pudding

말린 과일과 달걀, 빵가루, 두태지방(소지방)과 풍부한 재료를 섞어 장시간 찐 다음, 한 달 정도 숙성시킨다. 안에 동전이나 반지, 단추 등을 넣고 자신의 케이크 조각에서 무엇이 나왔는지에 따라 운세를 점치기도 한다.

080 / 레몬 머랭 파이
새콤달콤한 크림에 머랭이 듬뿍

시대 | 19세기

구름처럼 폭신한 머랭 밑에는 향기로운 레몬 크림. 보고만 있어도 행복해지는 레몬 머랭 파이Lemon Meringue Pie는 영국에서 오랫동안 사랑받아 왔다. 안타깝게도 고안자가 누구인지 등의 자세한 내용은 알 수 없지만, 원조라고 알려진 것은 체스터 푸딩이라고 불리던 디저트다. 이것은 레몬커드*와 비슷한 크림과 머랭을 사용한 것으로 빅토리아 시대(1837~1901)에 인기를 끌었다고 한다. 그러나 제2차 세계대전이 시작되면서 식량 배급제도 하에 있었던 영국에서는 과자를 만들고 먹는 것이 모두 어려워졌다. 레몬 머랭 파이가 국민적인 인기를 얻은 것은 식재료를 자유롭게 구할 수 있게 된 1950년대 이후의 일이다.

* 설탕, 달걀노른자, 레몬즙 등으로 만드는 레몬 크림.

세계의 디저트 역사

레몬은 비타민C의 대명사. 대항해 시대에 비타민C 결핍으로 인한 괴혈병으로 선원들이 목숨을 잃는 경우가 많았다. 1614년 영국 동인도회사의 의무관이었던 존 우달이 레몬이나 라임 주스를 마실 것을 권장하며 괴혈병에서 벗어날 수 있었다.

Lemon meringue pie

파이 반죽 시트에 레몬 크림과 머랭을 얹은 레몬 머랭 파이는 맛도 겉모습도 상큼하다. 머랭은 나이프나 포크 등으로 가볍게 모양을 다듬어서 굽는다.

Dundee cake

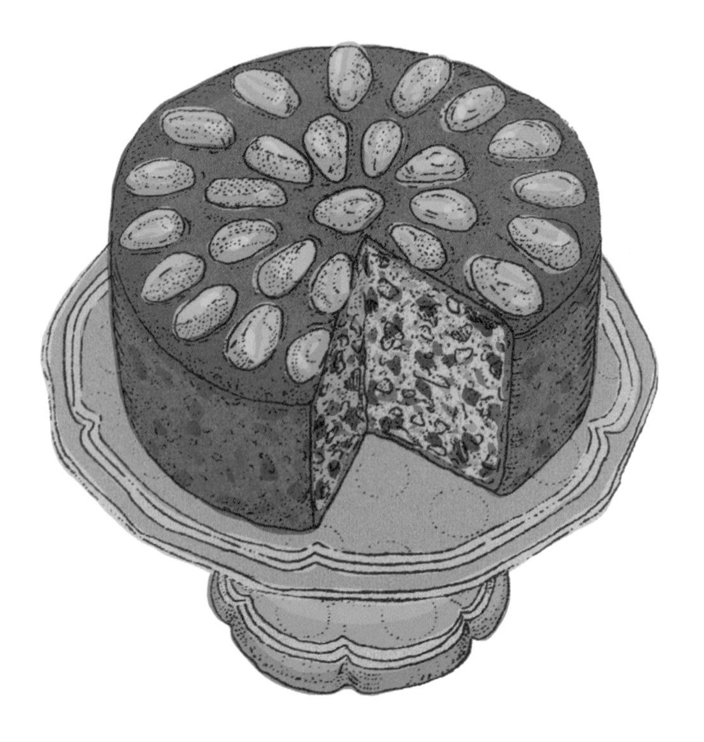

던디 케이크는 말린 과일과 오렌지 필을 듬뿍 넣은 과일 케이크로 윗면에 방사형으로 올린 아몬드가 특징이다. 크리스마스 케이크로도 인기가 높다.

081 / 던디 케이크

항구 도시에서 태어난 스코틀랜드의 인기 케이크

시대 | 19세기

던디 케이크Dundee Cake는 데쳐서 껍질을 벗긴 아몬드가 듬뿍 올라가 있는 과일 케이크다. 폭신폭신한 크림에 의존하지 않는 깔끔함이 특징이기도 하다. 원래 던디는 스코틀랜드의 항구 도시 이름이다. 18세기에 스페인 운반선이 폭풍으로 인해 던디항에 정박했을 때 상품 가치가 떨어진 오래된 오렌지를 현지의 식품 회사 〈케일러〉에 팔았다. 그러나 그것은 매우 쓰고 껍질이 두꺼운 세빌 오렌지라서 그대로 먹을 수 없었다. 〈케일러〉는 궁리 끝에 이 세빌 오렌지로 마멀레이드를 만들어 판매해 성공을 거둔다. 그 후 마멀레이드를 생산하지 않을 때 공장에서 만들 수 있는 상품을 고민한 끝에 오렌지 필을 넣은 던디 케이크가 탄생한 것이다.

세계의 디저트 역사

마멀레이드Marmalade는 감귤류의 과육과 과피를 원료로 한 잼 종류를 말한다. 이름의 유래는 포르투갈어 마르멜라다Marmelada에서 왔다. 마르멜라다는 모과와 비슷한 과일 마르멜로로 만드는 잼이다.

082 이튼 메스

영국 명문 학교의 엉망진창 디저트

시대 | 19세기

1440년 헨리 6세에 의해 설립된 영국의 명문 공립학교인 이튼 칼리지. 그곳에서 탄생한 이튼 메스Eton Mess는 딸기와 머랭, 생크림을 섞어서 먹는 디저트다. 유래로 전해지는 재미있는 일화가 있다. 어느 날 교내에서 피크닉이 열렸는데, 덩치 큰 래브라도 리트리버가 간식 바구니 위에 앉는 바람에 안에 들어 있던 딸기 디저트가 엉망진창이 되어 버렸다고 한다. 비록 재료가 섞여 엉망이 되긴 했지만 뜻밖에도 맛이 있었고, 그로부터 새로운 디저트가 탄생하게 되었다는 이야기. 그 존재는 19세기에 일반에게도 알려졌으며, 1930년대에는 이튼 칼리지의 매점에서도 팔았다고 하니 훌륭한 명문 학교의 명과가 된 셈이다. 머랭을 넣는 것은 나중에 추가된 레시피라고 한다.

세계의 디저트 역사

영국의 여름 과일인 딸기에 생크림을 얹은 '스트로베리 앤 크림'이 태어난 곳은 헨리 8세 시대의 권력자 울지 추기경(1471~1530)의 저택이다. 광대한 저택에서 많은 사람들에게 재빨리 대접할 수 있는 디저트로 고안되었다고 한다.

딸기의 새콤함+으깬 머랭의 바삭함+진한 생크림의 단맛. 이튼 메스를 맛있게 먹는 요령은 먹기 직전에 섞는 것이다.

푸딩 틀에 식빵을 깔고, 달게 조린 베리류를 채워서 식힌다. 냉장고 안에서 빵에 과즙이 천천히 스며들면서 붉은 푸딩이 완성된다.

083 썸머 푸딩

여름에 먹는 새빨간 색의 영국 건강 디저트

시대 | 19세기

썸머 푸딩Summer Pudding은 19세기 말경부터 영국에서 만들어졌던 하이드로패틱 푸딩Hydropathic Pudding에서 유래한 디저트다. 하이드로패틱은 수치요법水治療法을 뜻하며, 새빨간 겉모습은 아름답지만 그 이름에서는 맛있을 것 같은 느낌이 전혀 들지 않는다. 이 디저트는 식빵을 깐 푸딩 틀 안에 라즈베리와 레드커런트, 블랙커런트 등을 넣은 차가운 푸딩이다. 사실 이것은 병원이나 노인 시설, 휴양지에 요양하러 온 환자들을 위해 고안된 디저트다. 지방 함량이 높은 부담스러운 디저트는 먹지 못하는 사람들을 위한 것이었다. 게다가 약간 마르기 시작한 식빵으로 만드는 것이 더 맛있다고 하니 식재료 활용에 있어서도 고마운 일이다. 20세기에는 건강식의 이미지를 새롭게 바꾸고자 썸머 푸딩이라는 이름으로 개명했다.

세계의 디저트 역사

블랙커런트는 유럽이 원산지이며 비타민C와 폴리페놀이 풍부한 과일이다. 스위스의 식물학자 카스파 바우힌(1560~1624)에 의해 널리 알려졌으며, 유럽에서는 식용뿐 아니라 민간 약으로도 쓰인다.

084 마시멜로

고대의 기침 사탕에서 유래한 말랑말랑 디저트

시대 | 19세기

통통한 마시멜로Marshmallow를 불에 대고 노릇노릇하게 구워지기를 기다린다… 이런 행복감을 준 것은 고대 이집트의 현자였다. 마시멜로의 역사를 더듬어 보면 그 선조는 마시멜로라는 식물의 뿌리에서 채취한 점액과 꿀을 섞어 만든 사탕 같은 것이다. 당시에는 과자가 아니라 기침약이나 위장약으로 고대에 유용하게 쓰였던 약품이었으며, 신에게 제물로 바칠 만큼 귀중한 것이었다. 세월이 흘러 19세기, 이 약용 캔디는 프랑스와 독일로 건너갔고 파티시에들이 한입 크기의 폭신폭신한 마시멜로를 탄생시켰다. 이후부터 디저트로의 진화가 계속되었다. 이윽고 마시멜로의 찰기는 젤라틴과 달걀흰자가 담당하게 되었고, 힐링 디저트로 멋지게 변신했다.

세계의 디저트 역사

1892년 일본에서 마시멜로를 출시한 제과점 〈요네즈 후게츠도〉의 주인 요네즈 마츠조(1838~1908)는 일본의 양과자 문화 향상에 크게 기여한 인물이다. 기술을 도입해 리큐어 봉봉, 비스킷, 마롱 글라세 등을 차례로 제조하고 판매했다.

설탕, 달걀흰자, 물엿, 젤라틴, 향료 등을 섞어 만든다. 프랑스어 이름은 기모브Guimauve. 그냥 먹거나 굽거나 코코아 같은 데 띄워서 녹여 먹어도 맛있다.

Column 2

빙과

권력자들을 매료시킨 차갑고 달콤한 과자

고대 그리스의 위대한 의사 히포크라테스는 '여름에 찬 음료는 몸에 독'이라고 설파했다지만 권력자들에게는 통하지 않았던 모양이다. 기원전 4세기경 알렉산더 대왕은 얼음과 눈을 저장 창고에 채워 음식을 보존하고 병사들에게 시원한 음료를 제공했다. 로마 황제 네로는 알프스에서 만년설을 운반해 와서 와인과 꿀을 섞은 뒤 꽃향기를 첨가한 '돌체 비타'를 즐겨 마셨다. 사치는 안 된다고 바른 소리를 하는 가정교사는 자결시켰다고 하니 정말 오싹하다. 한편 빙과의 원형이라고 하는 아라비아의 차가운 음료 샤루바토[1]는 십자군의 원정을 통해 이탈리아로 전해져[2] 소르베토로 이름을 바꿨다. 빙과에 일대 전환점이 찾아온 것은 16세기로, 대망의 냉동 기술이 발명되었기 때문이다.[3] 소르베토는 1533년 카트린 드 메디시스(P.102)와 함께 프랑스에 도착했다. 기대에 부푼 상류 귀족을 위해 개발에 몰두한 요리사들은 공들여서 수많은 빙과를 만들었지만 모두 특권층을 위한 사치품이었다. 1720년 파리 거리에 획기적인 사건이 일어난다. 시칠리아 출신 프로코피오가 파리에서 최초로 오픈한 카페 〈르 프로코프〉에 아이스크림 과자[4]가 등장한 것이다. 빙과가 드디어 대중에게 다가가기 시작했다. 아이스크림은 19세기 미국에서 발전하여 마침내 만인의 사랑을 받는 '차갑고 달콤한 과자'로 탄생하게 된다.

● 미국 아이스크림의 역사

18세기 말	영국에서 온 이민자들에 의해 아이스크림이 전해진다.
1846년	필라델피아의 주부 낸시 존슨이 수동식 냉동기를 개발하면서 가정에도 아이스크림이 보급된다.
1851년	볼티모어의 우유 판매상 제이콥 푸셀이 공장에서 아이스크림을 대량 생산하기 시작한다.
1880~90년대	아이스크림 썬데(P.176) 탄생
1904년	아이스크림콘(P.28) 탄생
1916년	소다 파운틴[5]과 아이스크림 팔러가 미국 전역으로 확대된다.
1920년	금주법에 의해 주조 업체들이 아이스크림 사업에 주력하면서 폐쇄된 술집은 소다 파운틴으로 새로 문을 열었다. 아이스크림은 하나의 큰 상업으로 발전하게 된다.

1) 설탕물에 장미로 향미를 내고 빙설에 식힌 것.
2) 빙과는 마르코 폴로(1254~1324)가 중국에서 이탈리아로 들여왔다고도 한다.
3) 물에 초석을 넣으면 흡열 작용으로 물의 온도가 떨어지는 것을 발견한 마르크 안토니우스 지마라와 베르나르도 부온탈렌티의 공헌이 크다.
4) 휘핑크림을 얼린 글라스 아 라 샹티이Glace à la Chantilly.
5) 소다수와 아이스크림 등을 카운터에서 제공하는 음식점.

Column 3

초콜릿

'신의 음식'에서 먹는 초콜릿으로

● 메소아메리카의 만병통치약

카카오의 학명은 테오브로마Theobroma이며 '신의 음식'이라는 뜻이다. 이와 같은 이름을 지은 것은 18세기 스웨덴 식물학자 린네다. 카카오는 고대 마야와 아즈텍의 위대한 문명이 번성했던 메소아메리카(중남미)에서 기원됐다고 한다. 당시에는 카카오를 화폐로 사용했고, 해열과 강장에도 효과가 있는 만병통치약으로 귀하게 여겨졌다고 하니 정말 '신'이 내린 음식이라 할 만하다. 사람들은 수확이나 결혼 등의 의식에 카카오 콩을 갈아서 물과 향신료를 더한 쇼콜라트르(쓴물)라는 음료를 빼놓지 않았다. 아즈텍 황제 몬테수마 2세는 하루에 무려 50잔씩 마셨다고 한다. 또한 1545년 기록에 따르면 카카오 원두 세 알은 갓 수확한 아보카도 한 개, 100알은 산토끼 한 마리, 200알은 수컷 칠면조 한 마리의 가치가 있었다고 전한다.

● 카카오에 관심이 없었던 콜럼버스

카카오가 유럽으로 전파되면서 '마시는' 초콜릿에서 '먹는' 초콜릿으로 진화한다. 1502년 콜럼버스는 배를 타고 카카오 콩을 운반하는 마야인을 만났다. 그는 카카오 콩을 다른 농산물과 함께 가지고 돌아오긴 했으나 그 진가를 알아보지는 못했다. 만약 콜럼버스가 카카오에 좀 더 관심을 가졌다면 초콜릿의 역사는 달라졌을지도 모른다.

● 영국 상류층의 입맛을 사로잡은 '마시는 초콜릿'

16세기에 아즈텍을 정복한 스페인의 에르난 코르테스는 국왕 카를로스 1세에게 카카오가 화폐로 통용되며 피로 회복에도 효능이 있다고 전한다. 설탕의 혜택으로 달콤해진 '마시는 초콜릿'은 몸에 좋을 것이라는 기대로 인기를 얻어 유럽 전역으로 퍼졌다. 17세기에 혼인으로 프랑스로 이주한 스페인 공주는 초콜릿 조리 전문 시녀를 데리고 있었고, 런던에는 부유층의 사교장인 '초콜릿 하우스'가 등장했다.

● 고형 초콜릿의 탄생

카카오가 들어온 지 300년. 1847년에 마침내 영국에서 고형 초콜릿이 탄생한다. 코코아파우더, 설탕, 코코아버터로 만든 고형 초콜릿은 영국의 제과 업체 〈프라이〉의 공적이지만, 네덜란드 화학자 반 호텐에게도 감사를 전한다. 1828년 그가 카카오 콩 지방분(코코아버터) 추출에 성공하면서 걸쭉하게 마시던 초콜릿이 코코아로 진화할 수 있었다. 그러나 안타깝게도 지금 네덜란드에서 그의 이름은 거의 잊혀졌다.

● 초콜릿의 효과에 대한 논쟁

왕과 왕비가 초콜릿에 기대했던 약효는 무엇이었을까? 18세기 프랑스의 약학자 루이 레무리는 '초콜릿은 쇠약해진 힘을 회복시키고 몸을 강하게 한다'라고 말했다. 반면 토스카나 궁정의 시종 페리치는 '초콜릿의 섭취는 인간의 수명을 단축시킨다'라고 생각했다. 폴리페놀이 어떻다는 등의 설명이 불가능했던 시대에는 긍정파와 부정파에 의해 큰 논쟁이 벌어질 수밖에 없었다.

"한 스푼의 아이스크림과 부활"

- 마사오카 시키 作, 아이스크림에 관한 최초의 하이쿠(정형시)

현대

(20C~)

085 몽블랑
유럽의 최고봉을 떠올리며 만든 디저트

시대 | 1903년

크림 애호가들을 위한 케이크의 최고봉 몽블랑Mont-Blanc. 프랑스의 티살롱 〈안젤리나〉가 1903년에 처음 선보인 몽블랑은 그야말로 크림으로 된 설산 그 자체였다. 그도 그럴 것이 이 케이크의 뿌리는 알프스를 바라다보는 프랑스 사부아 지방과 이탈리아 피에몬테주에서 15세기 말경 태어난 가정식 디저트 몬테 비앙코(흰 산)에서 비롯됐기 때문이다. 당시에는 밤 페이스트에 거품을 낸 생크림을 곁들인 심플한 디저트였다고 한다. 한편 일본 최초의 몽블랑은 1933년 지유가오카에 있는 제과점 〈몽블랑〉에 의해 고안됐다. 초대 점주가 프랑스에서 만난 접시에 담긴 디저트에 감동해 테이크아웃이 가능한 케이크로 만든 것이다. 스펀지케이크 토대에 생크림과 크렘드마롱(P.123)으로 산을 만들고, 정상에는 눈을 본뜬 새하얀 둥근 머랭을 장식하는 형태다. 일본에서는 몽블랑의 다양한 변형을 만날 수 있다.

세계의 디저트 역사

코코 샤넬도 들르곤 했다는 프랑스의 전통 있는 티살롱 〈안젤리나〉는 당시 여성들의 헤어 스타일에서 힌트를 얻어 크렘드마롱을 가늘게 짜내는 장식을 고안했다고 전해진다.

일본의 노란 몽블랑은 밤을 치자로 염색한 독자적인 디저트다. 프랑스에서는 머랭(P.109)을 토대로 하므로 몽블랑은 머랭 과자의 일종으로 여긴다.

086 크렘 당쥬

낙농가의 진수성찬에서 시작된 디저트

시대 | 1900년경

미식의 나라 프랑스에서 '신의 선물'이라고도 불리는 크렘 당쥬 Crémet d'Anjou. '앙주 지방의 크림'이라는 뜻이다. 이 디저트는 1900년경 버터를 만들던 낙농가에서 유래됐다. '바라트'라고 하는 수동 버터 제조기의 프로펠러 주위에 부착된 크림을 긁어모아 디저트로 먹은 것이 시작이었다. 처음에는 낙농가들만의 소소한 즐거움이자 싱싱한 진수성찬이었다가 1920~30년대 무렵에는 바구니에 담겨 거리에서 팔렸다고 한다. 지금은 프로마쥬 블랑*을 사용하여 만들어지기 때문에 산지에서는 치즈 가게에서 팔리기도 한다. 일본에서는 편의점 선반에서 거즈로 싼 크렘 당쥬를 발견한 적이 있다.

* 프랑스 원산의 프레시치즈. '프로마쥬'는 치즈, '블랑'은 흰색을 뜻한다.

세계의 디저트 역사

파란 초콜릿 '케논 달드와즈'는 크렘 당쥬와 같은 앙주의 명과다. 누가틴을 초콜릿 코팅한 것으로, 이 지역의 파란 지붕 기와를 모티브로 만들어졌다.

프로마쥬 블랑에 거품을 낸 생크림과 머랭을 넣고 거즈로 싸서 물기를 빼 감칠맛을 응축한다. 딸기나 프랑부아즈*와 같은 빨간 소스를 곁들여 낸다.

* 산딸기로 만든 리큐어.

087 / 판나 코타
연인을 위해 만든 발레리나의 푸딩

시대 | 1900년대 초

1993년 일본에서 붐을 일으켰던 이탈리아 디저트 판나 코타Panna Cotta는 '가열한 생크림'이라는 뜻이다. 낙농업이 발달한 피에몬테주 랑게 지방에서 탄생한 흰색 푸딩으로, 유래는 여러 설이 있다. 원형은 바바루아(P.122) 혹은 시칠리아 푸딩인 비앙코만지아르인데 그것이 피에몬테에 와서 판나 코타가 되었다고 한다. 다른 설로는 1900년대 초, 랑게 지방에 살던 헝가리 출신 발레리나가 처음 만들었다는 이야기다. 그녀는 연인을 기쁘게 해주고 싶은 마음으로 부엌에서 새하얀 푸딩을 만들었다고 한다. 옛날에는 젤라틴 같은 것을 사용하지 않고 달걀흰자와 생크림, 설탕으로 만든 소박한 가정식 디저트였다. 여러 설 중 발레리나의 사랑이 담긴 푸딩이라는 이야기가 이 사랑스러운 디저트와 가장 어울리는 것 같다.

세계의 디저트 역사

비앙코만지아르는 '흰 음식'이라는 뜻으로 시칠리아 남동부의 디저트. 아몬드 밀크, 설탕, 콘스타치(옥수수전분) 등으로 만드는 푸딩이다.

생크림 푸딩. 현재는 생크림만 넣는 것이 아니라 절반은 우유를 넣어 만들거나 베리류 소스를 뿌리는 등 산뜻한 맛의 판나 코타가 많다.

088 토르타 카프레제
마피아도 극찬한 케이크

시대 | 1920년

'푸른 동굴'로 유명한 이탈리아 캄파니아주 카프리섬은 로마 2대 황제 티베리우스가 별장을 지었던 경치가 아름다운 섬이다. 세계의 유명인들이 자주 방문하는 이곳에서 탄생한 토르타 카프레제Torta Caprese 또한 거물들에 의해 명과로 승격된 케이크다. 1920년경의 일이다. 미국 마피아 알 카포네의 지시로 옷을 사러 온 일행이 섬을 방문했고, 섬의 요리사였던 카민 디 피오레는 그들을 위해 초콜릿 케이크를 만들게 되었다. 그런데 재료를 섞을 때 그만 밀가루 넣는 것을 잊어버리고 말았다. 어이없는 실수로 목숨을 잃을 수도 있는 긴장된 상황이었지만, 밀가루가 빠진 케이크를 먹은 마피아 일행은 촉촉해서 맛있다며 극찬을 아끼지 않았다. 실패로부터 탄생한 케이크는 멋지게 '카프리'라는 이름을 내걸었고, 요리사 디 피오레는 살아남았다.

세계의 디저트 역사

고급 휴양지인 카프리섬에서는 카프리 셔츠, 카프리 샌들 등 유행하는 의류도 많이 만들어졌다. 1950년대 유행한 카프리 팬츠는 섬 해안에서 자주 볼 수 있어 이름 붙여진 7부 길이의 날씬한 바지다.

진한 맛의 토르타 카프레제는 밀가루를 사용하지 않고 일반적으로 다진 아몬드나 호두를 섞어 만드는 것이 특징이다.

089 / 쇼트 케이크

일본에서 재탄생한 폭신한 케이크

시대 | 1922년

폭신한 스펀지케이크에 하얀 생크림과 새빨간 딸기. 우리에게 케이크라고 하면 당연하게 딸기가 들어간 쇼트 케이크Short Cake를 떠올린다. 원래 쇼트 케이크는 미국이나 영국에서 즐기던 쿠키 상태의 반죽을 사용한 바삭한 케이크였다. 이후 일본에서 케이크는 역시 폭신폭신해야 한다며 스펀지케이크를 채택해 독자적인 케이크를 탄생시킨 것이다. 고안은 프랑스에서 귀국한 〈코롬방〉 창업자인 카도쿠라 쿠니테루 또는 미국에서 양과자를 배운 〈후지야〉의 창업자인 후지이 린에몬이라고 한다. 최초로 쇼트 케이크를 판매한 것은 1922년 〈후지야〉였다. 옆면을 크림으로 덮지 않은 겉모습은 영미의 것과 똑같았고 단숨에 인기를 끌었다. 하지만 당시에는 생과자의 보관이 쉽지 않았기 때문에 일반적으로 사랑받게 되는 것은 1955년 이후 냉장 설비가 갖추어지면서부터다.

세계의 디저트 역사

카도쿠라 쿠니테루(1893~1981)는 양과자 제조업체인 〈코롬방〉의 창업자이자 일본에 처음으로 프랑스 과자를 들여온 인물이다. 일본 최초로 냉장 쇼케이스를 만들었으며, 시부야에 양과자 시연실을 마련하는 등 양과자 보급과 발전에 크게 기여했다.

빨간색과 흰색의 대비가 아름다운 일본 태생의 케이크. 〈후지야〉에는 스테디셀러인 쇼트 케이크 외에 자동차나 개, 나비 등을 본뜬 것도 있다.

090 파블로바
세계적인 발레리나에게 바친 디저트

시대 | 1926년

원조는 호주인가, 뉴질랜드인가? 파블로바Pavlova를 둘러싸고 서로가 세계의 요정에게 디저트를 바친 최초의 나라라며 논쟁이 벌어졌다. 세계적인 발레리나 안나 파블로바를 위해 그녀의 튀튀*를 형상화한 디저트가 만들어진 것은 1926년의 일이다. 처음으로 월드 투어를 시작한 발레리나이기도 한 그녀는 실제로 같은 해에 양국을 방문했다. 그러다 최근에 가장 오래된 레시피는 1927년에 발행된 뉴질랜드 젤라틴 제조업체의 요리책으로 인정받게 되면서 뉴질랜드가 최후의 승자가 되었다. 원래 파블로바는 색을 입힌 젤리를 겹겹이 쌓아 튀튀와 비슷하게 만들었으나 나중에 머랭(P.109)을 이용해 화려한 진화를 이룬 것이다.

* 얇은 천을 여러 장 겹쳐서 만드는 발레리나의 스커트.

세계의 디저트 역사

안나 파블로바(1881~1931)는 러시아 출신의 세계적인 발레리나다. 1907년 〈빈사의 백조〉로 명성을 얻은 뒤, 영국에 거점을 두고 자신의 발레단을 이끌고 세계 각국을 순회했다. 1922년 일본 공연으로 일본에 발레가 보급되는 계기가 되었다.

원형으로 구운 머랭 위에 생크림과 베리 등의 과일을 얹은 디저트. 파블로바의 머랭에는 소량의 와인 식초를 넣는 것이 특징이다.

091 슈바르츠벨더 키르슈토르테
독일의 '검은 숲 체리 케이크'

시대 | 1927년·1930년

독일 남서부의 슈바르츠발트 지방은 '검은 숲'이라고 불리는 삼림지대다. 그 지역의 특산물인 체리와 키르슈바서(체리 브랜디)로 만드는 케이크가 슈바르츠벨더 키르슈토르테Schwarzwälder Kirschtorte이다. '검은 숲 체리 케이크'란 뜻이며, '블랙 포레스트 케이크'라고도 부른다. 1927년 요제프 켈러 혹은 1930년 에르빈 힐덴브란트가 고안했다고 한다. 모두 검은 숲에 연고가 있는 파티시에이며, 특히 트리베르크라는 마을의 〈카페 셰퍼Café Schäfer〉에는 켈러의 레시피가 남아 지금도 당시의 맛을 만끽할 수 있다고 한다. 1934년 이 독일 명과가 책에 소개되면서 명성이 진 세계로 퍼져나갔고, 프랑스에서는 포레 느와르Forêt Noire라고 불리게 된다. 코코아 풍미의 검은색 반죽, 흰색의 크림과 붉은 체리의 조합은 검은 숲 지역의 민속의상과 같은 배색이다. 깎아낸 초콜릿으로 덮인 모습은 침엽수림인 검은 숲을 멋지게 표현하고 있다.

세계의 디저트 역사

키르슈바서는 체리로 만든 브랜디다. 체리를 발효시켜서 씨까지 으깨어 증류한다. 독일 슈바르츠발트 지방과 프랑스 알자스 지방의 브랜드가 유명하다.

Schwarzwälder-Kirschtorte / Forêt-Noire

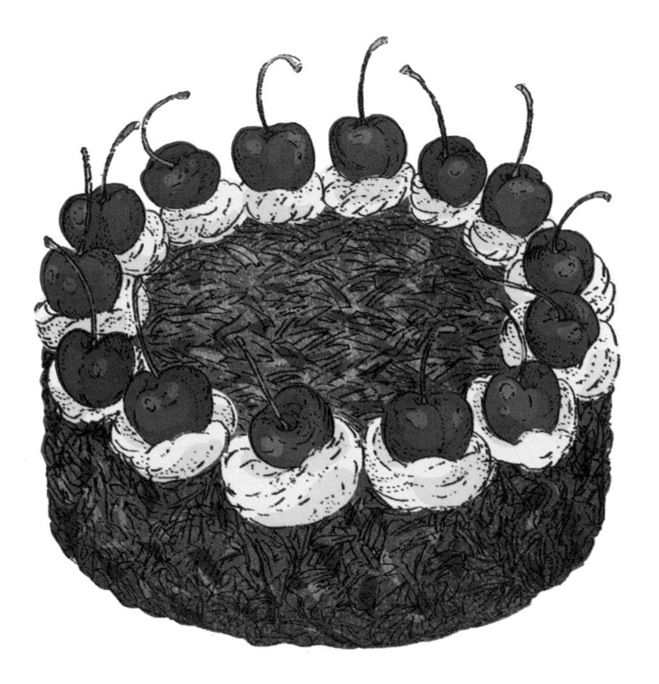

코코아 맛 스펀지케이크, 생크림, 체리로 만든 케이크. 독일과 인접한 알자스에 제조법이 전해지면서 프랑스에서는 '포레 누아르'라고 불린다.

092 / 시폰 케이크

20년간 베일에 가려져 있던 레시피

시대 | 1920년대 후반

시폰 케이크Chiffon Cake는 언뜻 보기에도 색다른 모양이다. 왜 이렇게 촉촉하고 폭신할까? 가운데 뚫린 구멍은 뭐지? 이 케이크가 탄생한 1920년대 후반에는 그야말로 수수께끼투성이였을 것이다. 미국 캘리포니아주 로스앤젤레스에서 탄생한 시폰 케이크의 고안자는 해리 베이커. 그는 식물성 기름과 머랭을 이용해 매우 가볍고 촉촉한 식감의 케이크를 만들어 냈다. 가운데 구멍은 두툼한 반죽에 열을 균일하게 전달해서 크게 부풀어 오르게 하기 위해서다. 당시 주문이 폭주했다는 인기 케이크의 숱한 수수께끼가 풀린 것은 고안된 지 20년 후였다. 1948년 레시피가 대형 식품 회사 〈제너럴 밀스〉에 매각되면서 마침내 대중에게 공개된 것이다.

세계의 디저트 역사

〈제너럴 밀스〉는 밀가루나 케이크믹스를 주력으로 하는 제분 회사로 1928년 설립해 현재는 100여 개국에서 스낵 과자, 시리얼, 요구르트 등을 판매한다. 하겐다즈, 요플레 등의 브랜드를 보유하고 있다.

093 / 초코칩 쿠키

미국 태생의 인기 넘버원 쿠키

시대 | 1930년대

실패로부터 탄생한 디저트는 많지만 초코칩 쿠키Choco-Chip Cookie의 인기를 능가하는 것은 없을 것이다. 탄생지는 미국 매사추세츠주 휘트먼 지역이다. 이곳에 〈톨 하우스 인〉이라는 작은 호텔을 개업한 루스 웨이크필드는 손님들을 위해 쿠키를 굽는 것이 일상이었다. 어느 날 〈네슬레〉 사의 세미 스위트 초콜릿을 다져서 반죽에 섞었는데 놀랍게도 초콜릿이 녹지 않은 채 구워졌다. 그녀에게는 예상 밖의 결과물이었지만, 쿠키는 투숙객들에게 큰 호평을 받았다. 이후 루스의 쿠키가 알려지면서 유행 조짐을 민감하게 감지한 곳은 〈네슬레〉였다. 바로 루스와 계약을 맺고 상품 포장지 뒷면에 레시피를 게재하여 판매하자 이 역시 대히트! 루스에게는 평생 먹을 수 있는 초콜릿도 증정됐다고 한다.

세계의 디저트 역사

미국 태생의 쿠키 중 하나인 '포춘 쿠키'를 고안한 인물은 샌프란시스코에 거주하는 일본인 정원사이자 실업가였던 하기와라 마코토. 1915년 샌프란시스코에서 열린 박람회에 출품했다는 기록이 남아 있다. 현재는 중식당에서 주는 행운 쿠키로 일반화되었다.

094 푸딩 아라모드

일본 전통 호텔에서 탄생한 명작 디저트

시대 | 1950년경

채플린과 베이브루스도 방문했던 일본 요코하마의 〈호텔 뉴그랜드〉. 1945년에는 GHQ(연합군 총사령부)에 의해 징발되어 7년간 미군 장교들이 숙박했던 역사적인 호텔이다. 그리고 당시 낯선 땅에서 생활하는 장교 부인들을 위해 창작된 것이 푸딩 아라모드 Pudding à la Mode였다. 맛은 물론 양까지 아메리칸 사이즈로 만들기 위해 푸딩에 아이스크림과 과일까지 함께 제공하려고 보니 디저트 접시가 너무 작았다. 그래서 평소에는 전채 요리나 크루통을 올리는 유리그릇인 크루통 접시에 제공했다고 한다. 이 명작 디저트는 나폴리탄과 도리아 등 이 호텔에서 탄생한 일품요리들과 함께 지금도 맛볼 수 있다.

세계의 디저트 역사

〈호텔 뉴그랜드〉에서 탄생한 씨푸드 도리아는 초대 총주방장이었던 샐리 와일이 만들었다. 몸이 아픈 투숙객이 목 넘김이 쉬운 요리를 요청하자 즉석에서 만든 요리다. 이후 호텔의 명물 요리가 되었다.

아라모드À la Mode는 프랑스어로 '유행의'라는 뜻이다. 푸딩과 함께 자신이 좋아하는 과일과 아이스크림 등을 담아보는 것도 좋다.

095 당근 케이크
영국 정부가 장려한 채소 케이크

시대 | 20세기 중반

'국민 여러분, 당근을 좀 더 많이 먹읍시다!'라고 선전한 것은 전쟁 중이던 영국 정부였다. 식량난에 처한 지금이야말로 설탕 대신 당분이 풍부한 채소를 먹으라는 것이었다. 원래 당근은 18세기경부터 과자의 재료로 사용되었으며, 이 무렵에는 당근 푸딩 레시피도 확인된다. 익숙한 식재료에 전환점이 찾아온 것은 제2차 세계대전 때였다. '닥터 캐롯'이라는 캐릭터까지 등장시키며 전국적으로 추천되었던 당근은 케이크로 변신해 국민 디저트로 성장했다. 당근 케이크Carrot Cake는 미국에서도 인기가 있었다. 1783년, 초대 대통령 조지 워싱턴도 즐겨 먹었다고 전해지며, 크림치즈 프로스팅을 발라서 현재의 당근 케이크 형태에 가까워진 것은 1960년대 미국에서다.

세계의 디저트 역사

그리스의 의사이자 식물학자 디오스코리데스(40~90)는 많은 식물과 광물의 특징과 약효를 조사해 1세기에 《약물지》를 저술했다. 여기에 게재된 다우코스Daukos는 당근을 가리키며, 이것이 당근의 가장 오래된 기록으로 여겨진다.

강판에 간 당근이 주재료이며 향신료와 견과류, 건포도 등을 넣은 케이크.
버터 대신 식물성 기름을 사용하기 때문에 식감이 가볍다.

Tropézienne

지름 30cm 남짓의 커다란 브리오슈 케이크. 케이크 사이에 커스터드 크림이나 크렘 무슬린(커스터드 크림+버터크림)을 샌드해서 먹는다.

096 트로페지엔

유명 여배우가 이름 지어준 남프랑스의 디저트

시대 | 1955년

"타르트 트로페지엔이라고 부르면 어때요?" 훗날 대배우가 되는 이 배우는 분명 장난삼아 가볍게 말했을 것이다. 화가 마티스와 보나르도 방문했다는 남프랑스의 고급 휴양지 생트로페에서 있었던 일이다. 1955년 영화 촬영 차 이곳을 찾은 브리지트 바르도는 자신이 좋아하는 케이크에 'La Tarte Tropézienne(생트로페의 타르트)'이라는 이름을 붙여주었다. 이 명예로운 디저트를 만든 사람은 폴란드 출신의 파티시에 알렉산드르 미카. 촬영 스태프들에게 케이터링 요리로 제공한 미카의 디저트는 브리지트의 한마디로 순식간에 인기 디저트가 되었다. 이후 '타르트 트로페지엔'이라는 이름은 상표 등록이 되어 미카의 가게에서만 쓸 수 있게 되었고, 다른 가게에서는 '트로페지엔'이라고 불린다.

세계의 디저트 역사

브리지트 바르도(1934~)는 베베BB라는 애칭으로 사랑받은 프랑스의 여배우이자 가수다. 생트로페를 찾았을 때 그녀는 당시 남편이었던 로제 바딤 감독의 영화 〈그리고 신은 여자를 창조했다〉를 촬영 중이었다.

097 오페라 케이크

모나리자의 미소를 닮은 우아한 케이크

시대 | 1955년

기품이 넘치는 모습은 실로 파리 오페라 극장의 이름을 붙이기에 충분하다. 디저트에도 운명이라는 것이 있다. 오페라 케이크Opéra Cake는 주인을 찾아 떠돌다가 결국은 프랑스의 대표적인 케이크가 된 늦게 꽃피운 명과다. 그 이야기는 1920년 유명 파티시에 루이 클리시가 고안한 케이크인 '클리시'에서 시작된다. 1955년 이 맛있는 레시피와 가게를 물려받은 마르셀 뷔가는 친척을 초청한 디너에서 자랑거리인 클리시를 대접했다고 한다. 며칠 뒤 클리시와 매우 닮은 케이크가 '오페라'라는 이름으로 그 친척의 가게인 〈달로와요〉에 진열되어 있었다. 아마도 맛과 모양을 더욱 세련되게 다듬어 선보인 것이리라. 한편 뷔가의 가게에서는 변함없이 클리시가 간판 상품으로 팔리고 있었다고 한다.

세계의 디저트 역사

오페라 케이크의 시트는 아몬드파우더가 들어간 조콩드 반죽으로 만든다. '조콩드'라는 이름은 이탈리아 피렌체의 행정관 부인이자 〈모나리자〉의 모델인 리자 델 조콘도에서 유래했다. '모나리자의 미소처럼 우아하게'라는 바람이 담겨 있다.

파리를 대표하는 케이크. 〈달로와요〉의 오페라 케이크는 조콩드 반죽과 커피 풍미의 버터크림 등을 7층으로 쌓아 올린 것이며 높이는 2cm 정도다.

098 티라미수
기운을 북돋아주는 이탈리아 디저트

시대 | 1960년대 말

티라미수Tiramisù의 뜻은 '나를 위로 끌어 올려주세요'라고 한다. 속뜻은 기운이 나게 한다는 의미다. 마치 광고 문구 같은 네이밍은 세계적인 디저트의 필수 조건이다. 그 인기에 힘입어 유래와 고안자에 대해서는 여러 가지 설이 있지만, 이탈리아 베네토주 트레비소 태생임은 확실한 듯하다. 1960년대 말, 레스토랑 〈레 베케리에〉의 셰프였던 로베르토 롤리 링구아노토가 아이스크림을 만들다가 실수로 달걀과 설탕이 담긴 그릇에 마스카포네치즈를 떨어뜨리고 말았다. 어떻게든 해결해야겠다는 생각에 사장 부인 알바와 함께 만들어 낸 것이 티라미수다. 이것을 사장이었던 아도 캄페올이 정식 메뉴로 세상에 내놓았다. 일설에는 주파 잉글레제(P.58)가 원형이라고도 한다.

세계의 디저트 역사

레스토랑 〈레 베케리에〉에서 티라미수를 제공하기 시작해 '티라미수의 아버지'로 불리는 아도 캄페올은 2021년 10월 30일에 93세의 나이로 별세했다. 이탈리아 베네토의 주지사가 SNS에서 애도를 표했고, 전 세계 뉴스들이 이 부고를 전했다.

Tiramisù

마스카포네치즈 크림과 커피 맛 시럽을 스며들게 한 스펀지케이크를 겹겹이 쌓아 올린 케이크. 원래는 사보이아르디(P.45)를 이용해 만들었다.

099 / 프레지에

빨간 딸기로 파리의 장미를 표현

시대 | 20세기

일본의 쇼트 케이크(P.206)와 매우 흡사한 프랑스판 딸기 케이크 프레지에Fraisier. 이처럼 매력적인 디저트의 원조는 1960년대 가스통 르노트르*가 파리 바가텔 공원의 장미를 형상화하여 고안한 케이크 '바가텔'이다. 처음엔 연두색 마지팬으로 공원을 표현하고 딸기로 장미를 형상화했던 이 케이크는 점차 딸기가 주역인 프레지에(딸기나무)로 변모해 갔다고 한다. 딸기가 제철인 봄을 기다리는 파티시에의 마음이 담긴 이 케이크는 반죽과 크림의 맛이 매우 진하고 풍부하다.

* 가스통 르노트르(1920~2009)는 '프랑스 제과계의 아버지'로 불린다. 고급 식품점 〈르노트르Lenôtre〉의 창업자이며, 프랑스의 유명 파티시에 피에르 에르메의 스승이다.

세계의 디저트 역사

프랑스에 딸기를 들여온 사람은 탐험가이자 식물학자인 아메데 프랑수아 프레지에. 18세기에 칠레에서 가져온 딸기를 브르타뉴 지방에서 재배했고, 이것이 프랑스 전역으로 널리 보급되었다고 한다.

Fraisier

키르슈*가 스며든 스펀지케이크에 딸기와 크렘 무슬린(P.218)이 조화를 이룬다. '바가텔'은 케이크의 윗면을 연두색 마지팬으로, '프레지에'는 분홍색 마지팬으로 덮는다.

* 체리나 버찌로 만든 브랜디이며, 키르슈바서(P.210)라고도 한다.

100

파르페

완전하고 완벽한 콜드 디저트

시대 | 20세기

프랑스어로 '완벽한'이라는 뜻을 가진 파르페Parfait. 화려한 외형과 다양한 식감, 맛의 요소들로 꽉 들어찬 그야말로 완벽한 디저트다. 파르페는 원래 프랑스 디저트로 달걀노른자와 생크림, 설탕 등을 섞어 틀에 넣어 얼린 빙과이며 평평한 접시에 담는다*. 기록에 따르면 1893년 일본의 만찬 메뉴에 '파르페 후지야마'가 등장하는데, 이것도 평평한 접시에 제공되었기 때문에 오늘날의 파르페와는 다른 것으로 보인다. 지금처럼 키가 큰 유리잔에 담긴 호화로운 파르페는 20세기 이후 쇼와 시대(1926~1989)부터 일본에서 독자적인 발전을 거듭한 디저트다.

* 프랑스에서 파르페에 해당하는 것은 쿠페Coupe다. 다리가 달린 유리잔에 아이스크림이나 과일, 크림 등을 얹는다.

세계의 디저트 역사

말차 파르페가 탄생한 것은 1969년 일본 교토의 찻집 〈쿄하야시야〉. 말차 상품을 개발하고 있던 주인 하야시야 신이치로는 말차를 사용하여 당시 유행하던 파르페를 만들기로 결심하고 이를 상품화했다. 말차의 견고한 이미지를 불식시키며 대히트를 쳤다.

키가 큰 파르페 잔에 아이스크림, 생크림, 과일, 초콜릿 소스, 잼, 시리얼 등을 예쁘게 담아낸다.

"치즈가 없는 디저트는 외눈박이 미녀다."

- 브리야 사바랭

발효 디저트와 와인

응용 레시피와 페어링

디저트(달콤한 것)의 기원을 거슬러 올라가면 고대의 과일과 꿀에 도달한다. 한편 과일을 발효시켜 만드는 와인 또한 기원전 6000년경에 탄생해 디저트와 더불어 오랜 역사를 걸어온 음료다. 그중에서도 빵과 과자의 중간 위치에 있는 발효 디저트는 술과 궁합이 잘 맞는다. 브리오슈(P.67)를 와인과 함께 먹는 디저트로 선택한 장 자크 루소, 구겔호프(P.100)를 부드럽게 하려고 스위트 와인을 뿌려서 만든 바바(P.116) 등 선인의 발상을 배워 현대식 디저트를 즐기는 방법을 제안한다.

레시피 및 와인 제안

—

petit à petit
나카니시 마유미(와인·치즈 전문가)

01 팽 페르뒤와 노르망디 스타일 소스 2종

마리 앙투아네트가 누린 즐거움을 떠올리며 우아하게!

◆ 팽 페르뒤

【 재료 (3cm 정사각형 12개 분량) 】

A | 우유 … 140cc
생크림 (유지방분 47%) … 35cc

B | 그래뉴당 … 1큰술
달걀노른자 … 2개
달걀 … 1개
소금 … 1/2작은술

브리오슈(P.67) … 적당량
(3cm 정사각형으로 잘라 대나무 꼬치 등으로 몇 군데 구멍을 낸다)

무염버터 … 적당량

【 만드는 법 】

1. 냄비에 A를 넣고 약불에 올려 체온 정도로 따뜻하게 데운다.
2. 1과 B를 믹서에 같이 넣고 돌린 다음 바트에 따르고 브리오슈를 15분 정도 담가둔다.
3. 프라이팬에 무염버터를 녹이고 2를 넣어 모든 면을 노릇노릇하게 굽는다.
4. 오븐용 시트를 깐 오븐 팬에 3을 나란히 올려놓고 200℃의 오븐에서 5분간 굽는다.
5. 4에 까망베르치즈 딥소스와 사과 캐러멜리제를 올린다.

◆ 카망베르치즈 딥소스

【 재료와 만드는 법 (팽 페르뒤 6개 분량) 】

1. 냄비에 카망베르치즈 30g과 화이트 와인 2작은술을 넣고 약불에 올려 치즈가 완전히 녹을 때까지 섞는다.
2. 불에서 내려 홀그레인 머스터드 1작은술을 넣고 섞는다.

◆ 사과 캐러멜리제

【 재료와 만드는 법 (팽 페르뒤 6개 분량) 】

1. 사과 50g을 껍질을 벗겨 0.5cm 정사각형으로 썰고, 버터 10g은 1cm 정사각형으로 자른다.
2. 냄비에 그래뉴당 1큰술을 넣고 중불에 올린다. 전체적으로 거품이 생기고 갈색으로 변할 때까지 끓이다가 불을 끈다.
3. 2에 1을 넣고 섞어서 다시 중불에 올린다. 타지 않게 저어가며 5분 정도 조린다.

Pairing

Anne Gros Cremant de Bourgogne Brut la Fun en Bulles
(안느그로 클레망 드 부르고뉴 브뤼)

타입 / 스파클링 **품종** / 샤르도네, 피노누아, 알리고테 **생산지** / 프랑스 부르고뉴
생산자 / 안느그로
생동감 있게 터지는 기분 좋은 거품이 특징이며, 꽃향기와 벨벳 같은 우아함이 혀끝에 느껴지는 와인이다. 브리오슈와 비슷한 향긋한 향도 이 와인의 특징이다.

Memo

프랑스 노르망디가 발상지라고도 알려진 브리오슈로 만든 팽 페르뒤에는 같은 지역의 명물인 카망베르치즈와 사과 소스가 잘 어울린다. 브리오슈 하면 프랑스 왕비였던 마리 앙투아네트에 얽힌 이야기가 유명하다. 그 옛날 그녀에게 헌상됐다는 샴페인 파이퍼 하이직Piper-Heidsieck과 함께 먹는 것도 좋다.

02 티라미수풍 자바이오네를 곁들인 바바

19세기, 나폴리에 전해진 당시의 바바를 재현!

【 재료 (2인분) 】

A
- 달걀노른자 … 1개
- 그래뉴당 … 20g
- 럼주 … 1큰술

마스카포네치즈 … 80g

생크림(느슨한 크림 상태로 거품 낸 것) … 40cc

바바(P.116) … 2개

과일(라즈베리, 블루베리 등) … 적당량

견과류(피스타치오, 아몬드 등) … 적당량

【 만드는 법 】

1. A를 볼에 넣고 중탕하면서 거품기로 찰기가 생길 때까지 섞은 다음 한 김 식힌다.
2. 1에 마스카포네치즈를 넣고 부드러워질 때까지 섞는다.
3. 2에 생크림을 넣고 섞는다.
4. 바바에 3을 끼얹고 과일을 곁들인 후, 다진 견과류를 흩뿌린다.

Pairing

티라미수풍 자바이오네를 곁들인 바바
× Villa Matilde Eleusi Passito(빌라 마틸데 에레우지 파씨토)

타입 / 화이트 와인
품종 / 팔랑기나 100%
생산지 / 이탈리아 캄파니아주
생산자 / 빌라 마틸데

달콤한 바바에 커피나 홍차가 어울리는 것은 당연하다. 하지만 때로는 기분 전환을 위해 와인을 곁들여 보자. 파씨토(Passito)란 포도를 통풍이 잘되는 그늘에서 말려 당도를 높이고 반건조 된 상태에서 만드는 달콤한 와인이다. 꽃향기가 풍부하고 당밀처럼 부드러운 맛은 마스카포네치즈의 고급스러운 단맛을 돋보이게 해준다.

※ 〈빌라 마틸데〉 사의 본사는 고대 로마제국 시대에 고품질 와인 산지로 유명했던 팔레르노라고 불리는 곳에 위치해 있다. 역대 황제들도 팔레르노에서 맛있는 와인을 마셨다고 알려져 있다.

Memo

19세기 프랑스에서 이탈리아 나폴리로 전해진 바바는 생크림과 커스터드 크림을 올린 후에 과일로 장식했다. 그리고 자바이오네라는 화려한 소스를 뿌렸다고 한다. 이탈리아가 원산지인 마스카포네치즈를 사용한 응용 소스는 단맛을 조금 줄였다. 바바에 듬뿍 뿌려 당시 이탈리아 귀족의 식탁을 만끽해 보자.

'구겔호프 축제'를 기념하며

구겔호프와 알자스산 와인의 페어링을 즐긴다

구겔호프(P.100)의 발상지인 프랑스 알자스의 리보빌레에서는 매년 6월에 '구겔호프 축제'가 열린다. 축제에서는 갓 구운 구겔호프와 알자스산 와인이 제공된다고 한다. 구겔호프가 디저트나 식사로 일상에 녹아 있는 현지의 방식을 배워서 좀 더 풍성하게 즐겨보자.

Pairing

건포도가 들어간 달콤한 구겔호프

× Josmeyer Gewurztraminer Les Folastries

(조스메이어 게뷔르츠트라미너 레 폴라스트리)

타입 / 화이트 와인

품종 / 게뷔르츠트라미너

생산지 / 프랑스 알자스

생산자 / 조스메이어

게뷔르츠트라미너 특유의 전형적인 달콤하고 화려한 향이 있으면서도 부드럽고 차분한 맛. 달콤한 구겔호프의 맛을 해치지 않으면서 와인 향을 즐길 수 있다.

베이컨, 치즈, 양파 등이 들어간 짭짤한 구겔호프

× Marcel Deiss Alsace Complantation

(마르셀 다이스 알자스 컴플렌테이션)

타입 / 화이트 와인

품종 / 알자스 13개 품종

생산지 / 프랑스 알자스

생산자 / 마르셀 다이스

알자스 와인은 대부분 단일 품종으로 만들어지는 데 반해, 이 와인은 13개의 포도 품종을 섞어서 만드는 와인이다. 맛에 복잡성이 있으며 알자스 특유의 기후와 풍토, 토양을 느낄 수 있다.

크리스마스 식탁이 화사해지는

파네토네 & 슈톨렌과 어울리는 와인

크리스마스를 기다리며 조금씩 먹는 디저트는 연말의 별미다. 올해는 파네토네(P.55)로 할까, 슈톨렌(P.41)으로 할까? 시간이 지날수록 더욱 깊어지는 이들 디저트의 맛은 함께 마시는 와인에 따라 섬세하게 변화한다.

Pairing

파네토네 × La Montina Franciacorta Rosé Demi Sec
(라 몽티나 프란치아코르타 로제 드미 섹)

타입 / 스파클링 로제 와인
품종 / 피노누아르 60%, 샤르도네 40%
생산지 / 이탈리아 롬바르디아주
생산자 /라 몽티나

롬바르디아주 동부의 프란치아코르타 지방에서 생산되며, 병 안에서 2차 발효하는 스파클링 와인이다. 설탕절임 과일이 듬뿍 들어 있는 파네토네에 레드베리 향과 크리미한 맛의 와인을 곁들여 더욱 향기롭게 즐긴다. 화려한 크리스마스에는 거품이 많은 로제 와인이 잘 어울린다.

슈톨렌 × Paradies Riesling Spätlese Feinherb
(파라디스 리슬링 슈페트레제 파인헤브)

타입 / 화이트 와인
품종 / 리슬링 100%
생산지 / 독일 모젤 지방
생산자 / 마르틴 뮐렌

모젤 강가 남서향 경사면에 있는 파라디스 밭 포도로 만들어진다. 이곳에서 늦게 수확한 포도(슈페트레제)로 만든 약간의 당도가 느껴지는 와인. 달콤한 슈톨렌에는 과일 맛이 풍부하고 온화한 풍미의 화이트 와인을 함께 마셔보자.

디저트 MAP

시대를 초월하여 디저트로 각국을 살펴보는 '디저트 MAP'. 이 책에 실린 이야기에는 디저트가 처음 고안된 나라와 경유지, 이름의 유래가 된 거리 등 다양한 지역명이 등장한다. 각 디저트의 운명과 관련된 장소를 지도를 따라가며 여행하듯 둘러보자.

지도 보는 법

예) 보르도 P72

- P72 → 카눌레가 실린 본문 페이지
- 지도상에 표기된 것은 카눌레 발상지인 보르도

모나코	나라명	[ ]	현
루아르	지역명, 주(州)	•	도시
		〈 〉	역사·문화적 지역명

※ 지면 관계상 지도에는 이 책에 등장하는 디저트 중 73종류를 소개했다.

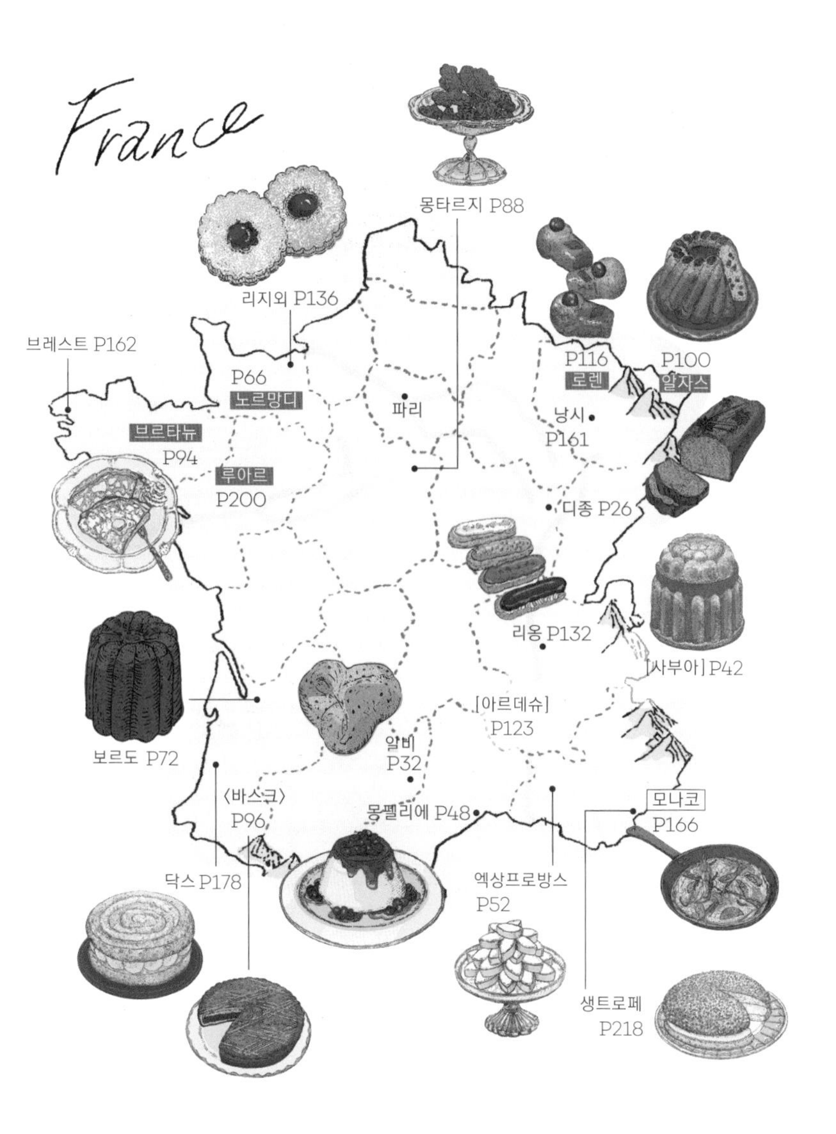
France
몽타르지 P88
리지외 P136
브레스트 P162
P66
노르망디
파리
P116
로렌
P100
알자스
낭시
P161
브르타뉴
P94
루아르
P200
디종 P26
리옹 P132
[사부아] P42
[아르데슈]
P123
보르도 P72
알비
P32
〈바스크〉
P96
몽펠리에 P48
모나코
P166
닥스 P178
엑상프로방스
P52
생트로페
P218

Europe
벨기에
P28
북해
영국
P64,P76,
P180,
네덜란드
대서양
프랑스
P38,P78,P120
포르투갈
리스본
P112
스페인
〈카탈루냐〉
P84
〈슈바르츠발트〉
P210
지중해

드레스덴
P40
독일
폴란드
〈포트할레〉
P20
뉘른베르크 P36
빈 P86,P124
오스트리아
이탈리아

Italy
밀라노 P54
롬바르디아
가르다호
피에몬테
P44
베네토
트레비소
P222
토르토나
P144
피렌체
P58,P60
〈랑게〉
P202
프라토
P99
토스카나
파비아
P154
Rome
캄파니아
나폴리
P90
카프리섬
P204
지중해
시칠리아
P22,P24

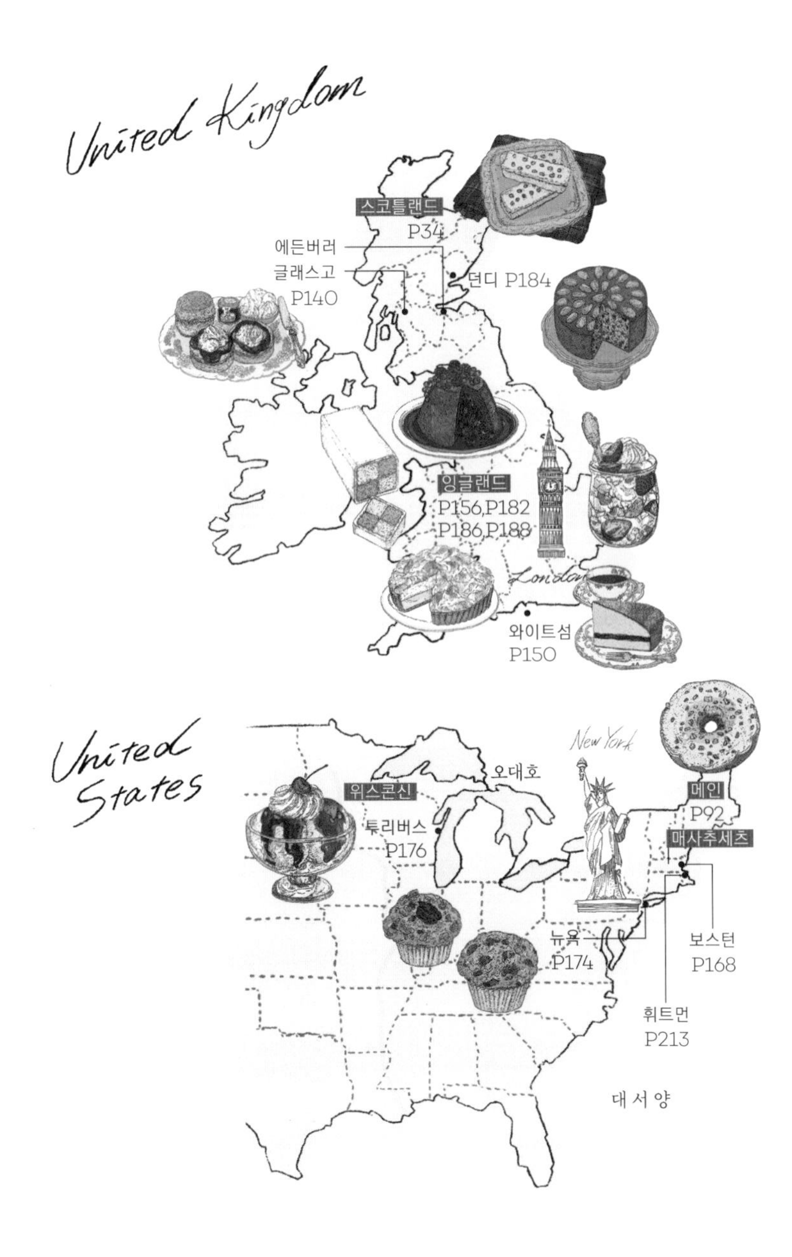
United Kingdom
스코틀랜드
P34
에든버러
글래스고
P140
던디 P184
잉글랜드
P156,P182
P186,P188
London
와이트섬
P150
United States
New York
오대호
위스콘신
투리버스
P176
메인
P92
매사추세츠
뉴욕
P174
보스턴
P168
휘트먼
P213
대서양

《세계 음식 백과》의 서두에는 "인류는 그 여명기부터 먹거리를 찾아 헤매는 가운데 세상을 알게 되었다. 그리고 배고픔을 원동력으로 전진했다"라고 적혀 있다. 디저트를 탐구하는 것은 세계와 좀 더 가까워지는 일이다. 지리와 역사, 종교와 민족을 들여다보며 더듬어 가는 디저트의 세계는 깊고 매력적이다. 역사상 영웅들이 좋아했던 맛, 결혼과 함께 타국으로 떠나야 했던 공주들의 마음을 위로한 맛, 셰프나 파티시에의 성공과 실패의 창작 이야기를 알게 되면 달콤한 디저트의 뒷맛이 약간은 씁쓸하게 느껴지기도 한다.

예전에 티라미수의 원형이라고도 하는 주파 잉글레제를 맛본 적이 있는데, 예상과 달리 네모나게 잘린 케이크가 등장해 조금 실망한 적이 있다. 그러나 숟가락으로 떠서 입에 넣는 순간 촉촉하게 허물어지며 목구멍 속으로 사라졌다. 리큐어가 스며든 스펀지케이크와 커스터드 크림이 어우러져 살살 녹는 틀림없는 이탈리아 디저트였다. 이 책을 제작하던 중에 한 스태프가 '맛의 답을 맞히는 것이 즐거움'라고 말했는데 바로 이런 것이 아닐까 싶다. 그녀의 답 맞히기에 자그마한 감동이 있기를 바란다.

마지막으로 여기에 실리지 않은 디저트에 대해 언급하고 싶다. 10년쯤 전, 취재처의 셰프가 어렸을 때 먹었던 맛이 생각나서 구워봤다며 케이크를 대접해 주었다. 사과가 쫀득하게 씹히는 반죽과 익숙한 단맛이 주는 평안함. 쇼케이스에는 진열되지 않은 꾸밈없는 그 케이크를 먹었을 때 나는 생각했다. 만드는 사람의 뿌리가 되어준 일상의 디저트가 훗날의 작품으로 이어지고 있다고. 미래의 맛의 힌트가 담긴 평범한 디저트를 잊어버리지 않도록 차분히 맛보자. 훗날 그것이 세상에 널리 알려질지 어떨지를 떠나서 말이다.

나가이 후미에

찾아보기

<바>

참고문헌

『お菓子の歴史』マグロンヌ・トゥーサン=サマ 著／河出書房新社
『百菓辞典』山本候充 編／東京堂出版
『世界たべもの起源事典』岡田哲 著／東京堂出版
『洋菓子百科事典』吉田菊次郎 著／白水社
『お菓子の由来物語』猫井登 著／幻冬舎ルネッサンス
『フランス菓子図鑑　お菓子の名前と由来』大森由紀子 著／世界文化社
『お菓子の世界・世界のお菓子』吉田菊次郎 著／時事通信社
『名前が語るお菓子の歴史』ニナ・バルビエ、エマニュエル・ペレ 共著／白水社
『世界食物百科』マグロンヌ・トゥーサン=サマ 著／玉村豊男 監訳／原書房
『おいしいスイーツの事典』中村勇 監修　成美堂出版編集部 編／成美堂出版
『フランス伝統菓子図鑑　お菓子の由来と作り方』山本ゆりこ 著／誠文堂新光社
『イタリア菓子図鑑　お菓子の由来と作り方』佐藤礼子 著／誠文堂新光社
『ドイツ菓子図鑑　お菓子の由来と作り方』森本智子 著／誠文堂新光社
『増補改訂　イギリス菓子図鑑　お菓子の由来と作り方』羽根則子 著／誠文堂新光社
『ポルトガル菓子図鑑　お菓子の由来と作り方』ドゥアルテ智子 著／誠文堂新光社
『ドイツ菓子大全』柴田書店 編　安藤明 技術監修／柴田書店
『フランス伝統料理と地方菓子の事典』大森由紀子 著／誠文堂新光社
『歴史をつくった洋菓子たち』長尾健二 著／築地書館
『お菓子でたどるフランス史』池上俊一 著／岩波書店
『洋菓子はじめて物語』吉田菊次郎 著／平凡社
『スイーツ手帖』一般社団法人日本スイーツ協会 著／主婦と生活社
『新版　私のフランス地方菓子』大森由紀子 著／柴田書店
『イギリスお菓子百科』安田真理子 著／ソーテック社
『Dolce！イタリアの地方菓子』
　ルカ・マンノーリ、サルヴァトーレ・カッペッロ 共監修／世界文化社
『イタリアの地方菓子とパン』須山雄子 著／世界文化社
『お茶の時間のイギリス菓子』砂古玉緒 著／世界文化社
『アメリカ郷土菓子』原亜樹子 著／PARCO出版
『王様のお菓子ガレット・デ・ロワ』全美乃 著／文芸社
『古きよきアメリカン・スイーツ』岡部史 著／平凡社

『ドーナツの歴史物語』ヘザー・デランシー・ハンウィック 著／原書房
『あの人が愛した、とっておきのスイーツレシピ』
　NHK『グレーテルのかまど』制作チーム監修／大和書房
『イタリアの手づくりお菓子』みやしたむつよ、宮下孝晴 共著／梧桐書院
『イタリア菓子』藤田統三 著／柴田書店
『プリンセスになれる午後3時の紅茶レッスン』藤枝理子 著／KADOKAWA
『もしも、エリザベス女王のお茶会に招かれたら？』藤枝理子 著／清流出版
『東京パフェ学』斧屋 著／文化出版局
『あのメニューが生まれた店』菊地武顕 著／平凡社
『古代ギリシア・ローマの料理とレシピ』
　アンドリュー・ドルビー、サリー・グレインジャー 共著／丸善出版
『アイスクリームの歴史物語』ローラ・ワイス 著／原書房
『チョコレートの歴史』ソフィー・D・コウ、マイケル・D・コウ 共著／河出書房新社
『チョコレートの世界史』武田尚子 著／中央公論新社
『カカオとチョコレートのサイエンス・ロマン』佐藤清隆、古谷野哲夫 共著／幸書房
『CHOCOLATE』ドム・ラムジー 著／東京書籍
『宮廷料理人アントナン・カレーム』イアン・ケリー 著／武田ランダムハウスジャパン
『マリー・アントワネットは何を食べていたのか』
　ピエール=イヴ・ボルペール 著／原書房
『ハプスブルク家のお菓子』関田淳子 著／新人物往来社
『ドイツ菓子入門』江崎修、長森昭雄 共編／鎌倉書房
『美味礼讃』ブリア＝サヴァラン 著／玉村豊男 編訳・解説／新潮社
『誰も知らない世界のことわざ』
　エラ・フランシス・サンダース 著／前田まゆみ 訳／創元社

＜海外＞とっておきのヨーロッパだより（辻調理師専門学校）
　https://www.tsuji.ac.jp/column/cat/index.html
クラブ・ドゥ・ラ・ガレット・デ・ロワ　https://www.galettedesrois.org
富澤商店　https://tomiz.com
日本洋菓子協会連合会　https://gateaux.or.jp

디저트 사전 DESSERT DICTIONARY
그 맛있는 디저트는 어디에서 왔을까?

초판 1쇄 발행 | 2024년 1월 5일
초판 4쇄 발행 | 2024년 11월 25일
지은이 | 나가이 후미에
옮긴이 | 김수정
그림 | 이노우에 아야
표지 | 오필민 디자인
편집 | 이미선
펴낸곳 | 윌스타일
펴낸이 | 김화수
출판등록 | 제2019-000052호
전화 | 02-725-9597
팩스 | 02-725-0312
이메일 | willcompanybook@naver.com
ISBN | 979-11-85676-74-6　13590

* 잘못된 책은 구입하신 곳에서 바꿔드립니다.

DESSERT
DICTIONARY